"十四五"职业教育国家规划教材

"十三五"职业教育国家规划教材

职业教育规划教材·智能家居系列

智能家居平台应用项目化教程（第二版）

PINGTAI YINGYONG XIANGMUHUA JIAOCHENG

ZHINENG JIAJU

企想学院 ◎ 编著

中国铁道出版社有限公司
CHINA RAILWAY PUBLISHING HOUSE CO., LTD.

内容简介

本书按照项目式教学的方式，以智能家居平台应用作为主要讲解内容，代码结构清晰、案例丰富详细，基本涵盖了智能家居平台应用开发中的重点和难点。本书中所有项目均可上机调试，源代码丰富，可满足读者实训学习、动手操练的需要。

本书是基于 Qt 开发环境，以智能家居平台应用为主要内容的进阶书籍。本书内容主要包括智能家居平台应用的环境搭建、登录注册、环境监测、家电控制、自动控制、数据可视、程序烧录。

本书适合作为各类职业院校物联网应用技术专业及相关专业的教材，也可作为智能家居爱好者的自学参考用书，同时对相关领域的科技工作者和工程技术人员也有一定的参考价值，并且本书也可以作为全国职业院校技能大赛智能家居安装与维护赛项的参考用书之一。

图书在版编目（CIP）数据

智能家居平台应用项目化教程/企想学院编著. —2版. —北京：
中国铁道出版社有限公司，2022.3（2024.11重印）
"十三五"职业教育国家规划教材　职业教育规划教材. 智能家居系列
ISBN 978-7-113-28915-7

Ⅰ.①智… Ⅱ.①企… Ⅲ.①住宅-智能化建筑-职业教育-教材
Ⅳ.①TU241

中国版本图书馆CIP数据核字（2022）第031413号

书　　名：智能家居平台应用项目化教程
作　　者：企想学院

策　　划：汪　敏　　　　　　　　　　编辑部电话：(010)51873135
责任编辑：汪　敏
封面设计：崔丽芳
责任校对：焦桂荣
责任印制：赵星辰

出版发行：中国铁道出版社有限公司（100054，北京市西城区右安门西街8号）
网　　址：https://www.tdpress.com/51eds
印　　刷：三河市兴达印务有限公司
版　　次：2017年11月第1版　2022年3月第2版　2024年11月第2次印刷
开　　本：787 mm×1092 mm　1/16　印张：8.75　字数：210千
书　　号：ISBN 978-7-113-28915-7
定　　价：28.00元

版权所有　侵权必究

凡购买铁道版图书，如有印制质量问题，请与本社教材图书营销部联系调换。电话：(010) 63550836
打击盗版举报电话：(010) 63549461

职业教育规划教材·智能家居系列
编委会
（排名不分先后）

主　任： 束遵国（上海企想信息技术有限公司）

副主任： 马　松（盐城机电高等职业技术学校）

　　　　　曹国跃（上海市贸易学校）

　　　　　杨宗武（重庆工商学校）

委　员： 张伟罡（上海市经济管理学校）

　　　　　王旭生（山东寿光市职业教育中心学校）

　　　　　张　榕（重庆工商学校）

　　　　　王稼伟（无锡机电高等职业技术学校）

　　　　　祝朝映（余姚市职成教中心学校）

　　　　　辜小兵（重庆工商学校）

　　　　　马高峰（余姚市职成教中心学校）

秘　书： 吴文波（上海企想信息技术有限公司）

序 言

根据《"十三五"国家战略性新兴产业发展规划》的精神，国家加快先进智能电视和智能家居系统的研发，发展面向金融、交通、医疗等行业应用的专业终端、设备和融合创新系统。智能家居系统通过物联网技术将家中的各种设备连接到一起，提供家电控制、照明控制、电话远程控制、室内外遥控、防盗报警、环境监测、暖通控制、红外转发，以及可编程定时控制等多种功能和手段。与普通家居相比，智能家居不仅具有传统的居住功能，还兼备建筑、网络通信、信息家电、设备自动化，提供全方位的信息交互功能。

自2013年起，全国职业院校技能大赛组委会同意设立智能家居安装与维护赛项，经过五届的成功举办，参赛学校由最初的38所到现在的96所，覆盖全国20多个省市，参赛选手加上指导教师超过300人。智能家居安装与维护赛项专家组响应大赛组委会以赛促建、以赛促学的精神，积极做好成果转换工作，组织编写了智能家居安装与维护等系列教材，供广大教师日常教学使用，以便进一步推进学校的专业建设和课程建设。

本系列教材具有以下特点：

（1）教材结构采用项目驱动方式进行，适应学生的学习习惯。

（2）教材设立场景与真实场景相关联，有助于提高学生的学习兴趣和解决实际问题的能力。

（3）教材内容全面，基本涵盖了智能家居涉及的物联网技术，可为后续学习数据分析打下较扎实的基础。

本系列教材的编写，凝聚了大量一线职业教育教师和企业工程师的智慧，体现了他们先进的与实际应用接轨的教学思想和理念，同时也得到全国工业和信息化职业教育教学指导委员会和中国铁道出版社有限公司的大力支持，在此一并表示感谢。

希望广大师生在系列教材的使用过程中提出宝贵意见和建议，从而不断完善教材及其支撑内容，为智能家居行业的发展培养更多具有创新能力和创新精神的优秀复合型人才。

智能家居安装与维护赛项专家

2021 年 9 月

前言

  智能家居以住宅为平台，利用综合布线技术、网络通信技术、安全防范技术、自动控制技术、音视频技术等，集成家居生活有关的设施，构建高效的住宅设施与家庭日程事务的管理系统，提升家居安全性、便利性、舒适性、艺术性，并实现环保节能的居住环境。随着物联网技术的日益完善和普及，以及人们对生活品质要求的提高，我国智能家居行业市场规模呈现出快速增长的趋势。截至 2021 年，中国智能家居行业市场规模已超过 2 900 亿元。

  为提高读者对于智能家居平台应用的实训学习、动手操练能力，同时为全国职业院校技能大赛智能家居安装与维护赛项的参赛者提供智能平台应用开发部分的辅导，本书将 Qt Creator 作为集成开发环境，并以智能家居平台应用作为全书的主要讲解内容。其主要划分为五个模块：登录注册、环境监测、家电控制、自动控制、数据可视。本书首先对环境搭建进行介绍，然后介绍各模块的具体实现，最后介绍程序烧录过程。

  本书共包括七个项目，具体内容如下：

  项目 1 环境搭建，详细介绍了智能家居平台应用软硬件环境的基础知识和搭建过程。

  项目 2 登录注册，主要介绍了智能家居平台应用中登录注册模块的界面布局和功能代码，并针对该项目所学内容设计了实训内容，以此帮助读者巩固知识点。

  项目 3 环境监测，主要介绍了 Qt 开发中关于信号槽和 QComboBox 控件的基础知识，并详细讲解了智能家居平台应用中环境监测模块开发的步骤和源代码。

  项目 4 家电控制，详细说明了智能家居平台应用中家电控制模块的实现步骤和功能代码，以便读者能够完成智能家居中的远程家电控制功能。

项目 5 自动控制，主要讲解在智能家居平台应用中环境监测模块和家电控制模块基础上实现的自动控制模块，该模块包括离家模式、夜间模式、白天模式和安防模式等内容。

项目 6 数据可视，主要对智能家居平台应用中数据可视模块进行讲解，不仅介绍了 2D 图形绘制和坐标系统等基础知识，而且在具体的项目实施中实现了基于光照值变化的折线图绘制。

项目 7 程序烧录，讲解 SD 卡的制作过程和智能家居平台应用程序的烧写过程，使其能够通过 A8 网关与各协调器进行数据交换。

本书建议学时为 80 学时，具体如下：

教学内容	建议学时
项目1 环境搭建	8
项目2 登录注册	12
项目3 环境监测	12
项目4 家电控制	14
项目5 自动控制	12
项目6 数据可视	14
项目7 程序烧录	8

本书由企想学院编著。编写过程中得到全国工业和信息化职业教育教学指导委员会和全国职业院校技能大赛智能家居安装与维护赛项专家组的具体指导。教材编写邀请学校一线教师参与，并得到企业工程师协助。具体编写分工如下：项目 1～项目 3 由涂铁军（中山市中等专业学校）、顾全（盐城机电高等职业技术学校）、卢海峰（华东理工大学）和冯阳明（上海企想信息技术有限公司）撰写；项目 4、项目 5 由魏春燕（恩施市中等职业技术学校）和刘罡（恩施市中等职业技术学校）撰写；项目 6 由秦保国（单县职业中专）和李来存（上海企想信息技术有限公司）撰写；项目 7 由张晖（武汉市财贸学校）和彭才荣（上海企想信息技术有限公司）撰写。全书由徐方勤（上海建桥学院）和周连兵（东营职业学院）策划指导并统稿。

限于编者的经验、时间及水平，书中难免会有疏漏之处，敬请广大读者批评指正。

企想学院

2021 年 8 月于上海

教材配套数字资源

目 录

项目1　环境搭建 ·· 1

项目目标 ·· 1
项目描述 ·· 1
相关知识 ·· 1
　　1. VMware Workstation ·· 1
　　2. Linux ·· 2
　　3. Qt ·· 3
　　4. Qt Creator ··· 4
　　5. 协调器 ·· 4
　　6. A8网关 ··· 5
方案设计 ·· 6
项目实施 ·· 7
　　步骤1：虚拟机下载安装 ··· 7
　　步骤2：解压现有Ubuntu镜像 ·· 10
　　步骤3：Ubuntu镜像下载安装 ·· 11
　　步骤4：Qt下载及编译安装 ·· 14
　　步骤5：Qt Creator下载安装 ·· 16
实训 ·· 19
练习 ·· 19

项目2　登录注册 ·· 20

项目目标 ·· 20
项目描述 ·· 20
相关知识 ·· 20
　　1. SQLite数据库 ·· 20

2. 栅格布局管理器QGridLayout ··· 21
　　3. QLabel、QLineEdit和QPushButtion ······························ 22
　　4. 鼠标事件 ·· 24
　　5. 标准对话框QMessageBox ··· 24
方案设计 ·· 25
项目实施 ·· 25
　　步骤1：Qt工程创建 ··· 25
　　步骤2：添加资源文件及头文件 ····································· 30
　　步骤3：添加功能模块类 ·· 32
　　步骤4：修改界面布局 ·· 33
　　步骤5：修改登录功能头文件和源文件 ·························· 39
　　步骤6：修改注册功能头文件和源文件 ·························· 42
　　步骤7：修改数据浏览功能头文件和源文件 ·················· 45
　　步骤8：修改主函数 ··· 47
　　步骤9：编译运行 ·· 48
实训 ··· 49
练习 ··· 49

项目3　环境监测 ··· 50

项目目标 ·· 50
项目描述 ·· 50
相关知识 ·· 50
　　1. 信号和槽 ·· 50
　　2. QComboBox ··· 52
方案设计 ·· 52
项目实施 ·· 52
　　步骤1：添加C++类文件 ·· 52
　　步骤2：修改界面布局 ·· 54
　　步骤3：修改环境监测功能头文件和源文件 ·················· 58
　　步骤4：编译运行 ·· 65
实训 ··· 66
练习 ··· 66

项目4　家电控制 ... 67

项目目标 ... 67
项目描述 ... 67
相关知识 ... 67
　　定时器 ... 67
方案设计 ... 68
项目实施 ... 68
　　步骤1：添加并修改功能函数 ... 68
　　步骤2：修改头文件smart.h ... 70
　　步骤3：添加家电控制功能模块 ... 71
　　步骤4：编译运行 ... 78
实训 ... 79
练习 ... 79

项目5　自动控制 ... 80

项目目标 ... 80
项目描述 ... 80
相关知识 ... 80
　　强制类型转换 ... 80
方案设计 ... 82
项目实施 ... 82
　　步骤1：修改界面文件 ... 82
　　步骤2：修改smart.h头文件 ... 84
　　步骤3：修改smart.cpp源文件 ... 84
　　步骤4：编译运行 ... 86
实训 ... 87
练习 ... 87

项目6　数据可视 ... 88

项目目标 ... 88
项目描述 ... 88
相关知识 ... 88
　　1. 绘制图形 ... 88

3

2. 坐标系统 ··· 89
方案设计 ·· 90
项目实施 ·· 90
步骤1：新建界面类文件 ·· 90
步骤2：修改界面布局 ··· 90
步骤3：修改LineChart类 ··· 91
步骤4：修改Smart类 ·· 94
步骤5：编译运行 ··· 94
实训 ·· 95
练习 ·· 95

项目7　程序烧录 ·· 96
项目目标 ·· 96
项目描述 ·· 96
相关知识 ·· 96
1. SD卡制作 ·· 96
2. 镜像文件制作 ··· 98
方案设计 ·· 100
项目实施 ·· 101
步骤1：SD卡移植镜像 ·· 101
步骤2：数据线移植镜像 ·· 102
实训 ·· 103
练习 ·· 103

附录 ··· 104
附录A　库文件详细说明 ·· 104
附录B　Qt类库及头文件介绍 ··· 111
附录C　试题 ··· 114

项目1
环境搭建

项目目标

通过本项目的学习,学生可以掌握以下技能:
① 能够完成虚拟机程序 VMWare Workstation 的下载及安装;
② 能够完成 Ubuntu 镜像的下载及安装;
③ 能够完成 Qt 和 Qt Creator 集成开发环境的下载、安装及搭建;
④ 能够添加已经完成的 Ubuntu 集成开发环境镜像并正常使用。

项目描述

随着科技的发展,信息化技术已经深入人们的日常生活之中,伴随而来的便是人们对于生活便利舒适的要求越来越高,这也促进了智能家居技术的快速发展。为了实现智能家居平台应用的开发,首先需要搭建开发环境,本项目将介绍智能家居应用平台开发环境的搭建过程。

相关知识

本书中的智能家居平台应用开发环境主要由软件部分和硬件部分组成,其中软件部分包括虚拟机 VMware Workstation、Linux、Qt 和 Qt Creator,硬件部分包括协调器、A8 网关。

1. VMware Workstation

虚拟机软件是指可以在一台计算机中模拟出若干台 PC,每台 PC 都可以运行单独的操作系统而互不干扰,即可以实现一台计算机"同时"运行几个操作系统,且这些操作系统之间可以根据需要组成一个网络。

本书中使用的 VMware Workstation(中文名"威睿工作站")是一款功能强大的桌面虚拟计算机软件,可以帮助用户在单一的桌面上同时运行不同的操作系统,并提供开发、测试、部署新的应用程序的最佳解决方案。VMware Workstation 可在一部实体机器上模拟完整的网络环境和便于携带的虚拟机器。对于企业的 IT 开发人员和系统管理员而言，VMware Workstation 在虚拟网络、实时快照、共享文件夹、支持 PXE 等方面的优势使其成为必不可少的工具。它主要有以下优缺点：

（1）计算机虚拟能力，性能与物理机隔离效果非常优秀。

（2）功能非常全面，可供计算机专业人员使用。

（3）操作界面简单明了，适用于各种计算机领域。

（4）体积庞大，安装耗时较久。

（5）使用时占用物理机资源较大。

2. Linux

Linux 操作系统诞生于 1991 年 10 月 5 日，它是基于 UNIX 操作系统发展而来的。借助 Internet 和全世界各地计算机爱好者的共同努力，Linux 已成为世界上使用最多的一种类 UNIX 操作系统。

1981 年，IBM 公司推出微型计算机 IBM PC。

1981—1991 年间，DOS 操作系统一直是微机上操作系统的主宰。此时计算机硬件价格逐年下降，但软件的价格却在增长。

1991 年，GNU 计划开发多款工具软件，出现 Gnu C 编译器。

1991 年 10 月 15 日，林纳斯在 comp.os.minix 新闻上发布消息，正式宣布 Linux 内核系统诞生。

Linux 是免费使用和自由传播的类 UNIX 操作系统，是一个基于 POSIX 和 UNIX 的多用户、多任务、支持多线程和多 CPU 的操作系统。它能运行主要的 UNIX 工具软件、应用程序和网络协议，支持 32 位和 64 位硬件。Linux 继承了 UNIX 以网络为核心的设计思想，是一款性能稳定的多用户网络操作系统。它主要用于基于 Intel X86 系列 CPU 的计算机。Linux 是由世界各地成千上万的程序员设计和实现的，其目的是建立不受任何商品化软件的版权制约，全世界都能自由使用的 UNIX 兼容产品。

Linux 以它的高效和灵活性著称。Linux 模块化的设计结构，使得它既能在价格昂贵的工作站上运行，也能在廉价的 PC 上实现全部的 UNIX 特性。Linux 可以在 GNU 公共许可权限下免费获得，是一个符合 POSIX 标准的操作系统。Linux 操作系统软件包不仅包括完整的 Linux 操作系统，而且包括文本编辑器、高级语言编辑器等应用软件。它还包括带有多个窗口管理器的 X-Window 图形用户界面，允许用户使用窗口、图标和菜单对系统进行操作。本书中使用的 Ubuntu 便是一个以桌面应用为主的开源 GNU/Linux 操作系统，其支持 x86、amd64（即 x64）和 ppc 架构，由全球化的专业开发团队（Canonical Ltd）打造。常用的 Linux 命令如下：

  ls   显示文件或目录

   -l   列出文件详细信息 l（list）

   -a   列出当前目录下所有文件及目录，包括隐藏的 a（all）

  mkdir   创建目录

   -p   创建目录，若无父目录，则创建 p（parent）

  cd   切换目录

命令	说明
touch	创建空文件
echo	创建带有内容的文件
cat	查看文件内容
cp	复制
mv	移动或重命名
rm	删除文件
-r	递归删除，可删除子目录及文件
-f	强制删除
find	在文件系统中搜索某文件
wc	统计文本中行数、字数、字符数
grep	在文本文件中查找某个字符串
rmdir	删除空目录
tree	树形结构显示目录，需要安装 tree 包
pwd	显示当前目录
ln	创建链接文件
more、less	分页显示文本文件内容
head、tail	显示文件头、尾内容
Ctrl+Alt+F1	命令行全屏模式

3. Qt

Qt 是奇趣科技于 1991 年开发的跨平台 C++ 图形界面应用程序的开发框架，在 1995 年推出第一个商业版本，之后发展非常迅速。它也是目前流行的 Linux 环境 KDE 的基础。KDE 是 Linux 发行版中一个主要的标准组件。2012 年，Qt 被 Digia 公司收购。

Qt 支持所有的 UNIX 系统、Linux 系统和 Windows 平台。基本上 Qt 与 X-Window 上的 Motif、Openwin、GTK 等图形界面库和 Windows 平台上的 MFC、OWL、VCL、ATL 是同类型的。

1991 年，Haavard Nord and Eirik Chambe-Eng 开始开发 Qt，1994 年后注册了 Quasar Technologies，2008 年被诺基亚收购。

1998 年，Linux 桌面两大标准之一的 KDE 选择了 Qt 作为其底层开发库。

2001 年底，Qt 3.0 商业版开始支持 Mac OS X。

2003 年，Qt 3.2 发布了基于 GPL 的开源版，用于支持 Mac OS X。

2008 年 1 月 28 日，诺基亚收购了 Trolltech。

2009 年 12 月 1 日，诺基亚发布了 Qt 4.6，此版本对全新平台提供支持，具有强大的、全新的图形处理能力，支持多点触摸和手势输入，使高级应用程序和设备的开发过程变得更加轻松。

2012 年 8 月 9 日，Digia 宣布完成对诺基亚 Qt 业务及软件技术的全面收购，并计划将 Qt 应用到 Android、iOS 及 Windows 平台上。

2013 年 7 月 3 日，Digia 公司 Qt 开发团队在其官方博客上宣布 Qt 5.1 正式版发布。

2013 年 12 月 11 日，Digia 公司 Qt 开发团队宣布 Qt 5.2 正式版发布。

2014 年 4 月，Digia 公司 Qt 开发团队宣布 Qt Creator 3.1.0 正式版发布。

2014 年 5 月 20 日，Digia 公司 Qt 开发团队宣布 Qt 5.3 正式版发布。

Qt 具有以下优点：

（1）跨平台特性。Qt 支持下列操作系统：Microsoft Windows 95/98/NT/ME/2000/XP/Vista/7/8/2008/10、Linux、Solaris、SunOS、HP-UX、Digital UNIX (OSF/1、Tru64)、Irix、FreeBSD、BSD/OS、SCO、AIX、OS390 和 QNX 等。

（2）面向对象。Qt 的良好封装机制使得 Qt 的模块化程度非常高，可重用性较好，对于用户开发来说是非常方便的。Qt 提供了一种称为 signals/slots 的安全类型来替代 callback，这使得各个元件之间的协同工作变得十分简单。

（3）丰富的 API。Qt 包括多达 250 个以上的 C++ 类，提供了基于模板的 collections、serialization、file、I/O device、directory management 和 date/time 类，而且包括正则表达式的处理功能。

（4）支持 2D/3D 图形渲染，支持 OpenGL。

（5）具有大量的开发文档实例。

（6）支持 XML。

4. Qt Creator

Qt Creator 是跨平台的 Qt IDE，是 Qt 被 Nokia 收购后推出的一款轻量级集成开发环境（IDE）。此 IDE 能够跨平台运行，支持的系统包括 Linux（32 位及 64 位）、Mac OS X 以及 Windows。Qt Creator 的设计目标是使开发人员能够利用 Qt 这个应用程序框架更加快速及轻易地完成开发任务。

Qt Creator 主要具有以下优点：

（1）使用强大的 C++ 代码编辑器可快速编写代码。

Qt Creator 具有语法标识和代码自动补齐功能，在输入代码时进行静态代码检验，以及提示样式上下文相关的帮助；具有代码折叠功能，可以模块化显示，便于阅读；具有括号自动匹配和括号选择等高级编辑功能。

（2）使用浏览工具管理源代码。

Qt Creator 集成了领先的版本控制软件，包括 Git、Perforce 和 Subversion 开放式文件，无须知晓搜索文件的确切名称或位置，通过快捷键就可以实现程序中声明和定义位置的切换。

（3）为 Qt 跨平台开发人员的需求而量身定制。

Qt Creator 集成了特定于 Qt 的功能，如信号与槽 (Signals & Slots) 图示调试器，可以对 Qt 类结构一目了然。Qt Designer 包含可视化布局和格式构建器，只需要单击"运行"按钮，就可生成和运行 Qt 项目。

5. 协调器

协调器主要用于与各传感器实现组网，利用 ZigBee 协议完成各组件之间的数据交换。通常与协调器组网的传感器包括温湿度传感器、光照度传感器、烟雾传感器、燃气传感器、CO_2 传感器、PM2.5 传感器、气压传感器、人体红外传感器、电压型继电器和节点型继电器等。图 1.1 是协调器实物图。

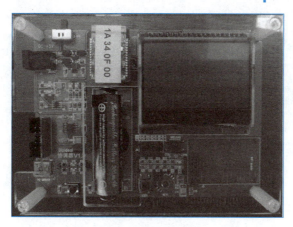

图1.1 协调器实物图

6. A8 网关

A8 网关主要是用于烧录编写的智能家居应用程序,用户可以通过触摸屏操作对应的智能家居功能模块,同时也会通过串口线与协调器连接来进行数据传输,以此实现获取环境参数和控制命令的功能。图 1.2 是 A8 网关实物图,图 1.3 是 A8 网关串口线实物图,表 1.1 是 A8 网关详细参数。

图1.2 A8网关实物图

图1.3 A8网关串口线实物图

表1.1 A8网关详细参数

参数类型	详细信息
CPU处理器	Samsung S5PV210,基于CortexTM-A8,运行主频1 GHz
DDR2 RAM内存	512 MB DDR2 RAM @200 MHz 32 bit数据总线
Flash存储	标配512 MB SLC NAND Flash 可选1 GB SLC NAND Flash
引脚接口	2 × 60 pin 2.0 mm space DIP connector 2 × 34 pin 2.0 mm space DIP connector
在板资源	4 x User LED (Green) Ethernet Chip: DM9000AEP Codec Chip: WM8960 电源电压为2 ~ 6 V

续表

参数类型	详细信息
PCB规格尺寸	6层高密度电路板，采用沉金工艺生产 74 × 55 × 10 (mm)
软件支持	Superboot-210 Linux 2.6.35 + Qtopia-2.2.0 + Qtopia4 + QtE-4.8.5 Android 2.3（基于Linux-2.6.35） Android 4.0（基于Linux-3.0.8） Windows CE 6.0 uCos2实时操作系统

方案设计

整个智能家居应用的工作结构由各类传感器、协调器和A8网关构成。其首先利用ZigBee协议实现协调器和监测器及继电器之间的数据交换；随后通过串口线将协调器和A8网关连接起来，使其能够实现数据的传输；最后将数据进行预处理并显示在A8网关的智能家居应用中。反之该应用也能通过此步骤将操作指令传输给传感器，以此完成智能家居实时监控。图1.4是该系统的流程示意图，表1.2是智能家居应用中各传感器板号配置。在之后的开发过程中，会用到每个传感器的板号。

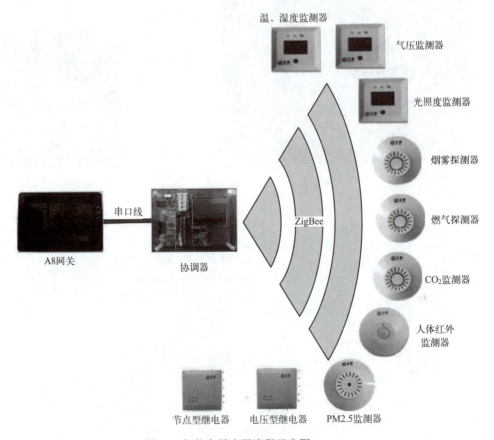

图1.4　智能家居应用流程示意图

表1.2 传感器板号配置表

序 号	设备名称	板 号
1	温、湿度监测器	4
2	光照度监测器	5
3	烟雾监测器	6
4	燃气监测器	7
5	CO_2监测器	13
6	PM2.5监测器	8
7	气压监测器	3
8	人体红外监测器	2
9	LED射灯	11
10	电动窗帘	10
11	电视、空调、DVD	1
12	换气扇	12
13	报警灯	9
14	门禁系统	14

该项目推荐的软件开发环境如表1.3所示,读者也可以根据实际需要选择其他版本。

表1.3 项目软件开发环境

名 称	版 本
操作系统	Windows 10 32位
Ubuntu版本	10.10
VMware Workstation版本	10.0.1
Qt Creator版本	2.4.1
虚拟机编译版本	Qt 4.8.1
Linux内核烧写版本	Qt 4.7.0

项目实施

步骤1:虚拟机下载安装

VMware Workstation是市场上非常热门的一款虚拟化软件,本书中的所有软件环境都会在此基础上搭建配置,因此VMware Workstation的下载安装至关重要。本书下载的版本为VMware Workstation pro 10.0.1,读者也可以通过其他渠道进行下载,以下为其详细步骤:

(1)打开随书配套的教学资源包里的VMware Workstation 10.0.1,如图1.5所示。

(2)单击"下一步"按钮,进入许可协议界面,如图1.6所示。

(3)选择"我接受许可协议中的条款"单选按钮,单击"下一步"按钮,进入设置类型界面,如图1.7所示。

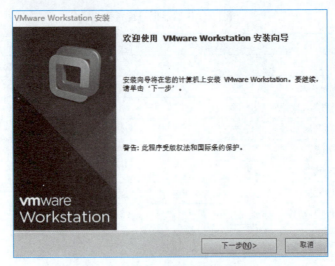

图1.5　VMware Workstation安装界面1

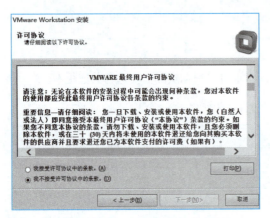

图1.6　VMware Workstation安装界面2

图1.7　VMware Workstation安装界面3

（4）选中"典型"选项，出现如图1.8所示的界面。

（5）用户可以根据实际需要单击"更改"按钮以选择VMware的安装目录，但是安装路径中不能出现中文，随后单击"下一步"按钮，进入如图1.9所示的界面。

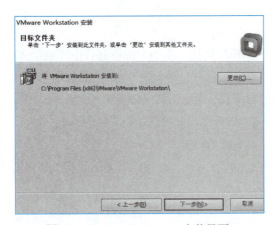

图1.8　VMware Workstation安装界面4

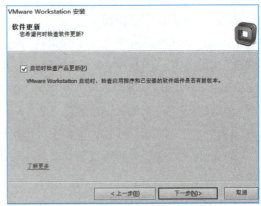

图1.9　VMware Workstation安装界面5

(6)单击"下一步"按钮,进入如图 1.10 所示的界面。

(7)继续单击"下一步"按钮,进入如图 1.11 所示的界面。

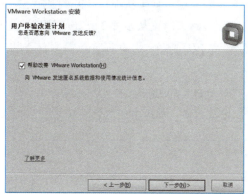
图1.10　VMware Workstation安装界面6

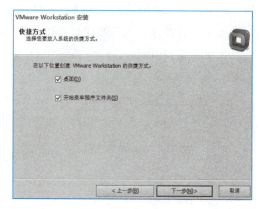
图1.11　VMware Workstation安装界面7

(8)单击"下一步"按钮,进入如图 1.12 所示的界面。

(9)单击"继续"按钮,进入如图 1.13 所示的界面,其中安装过程大约持续 3 min。

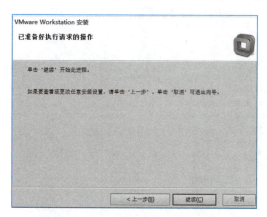
图1.12　VMWare Workstation安装界面8

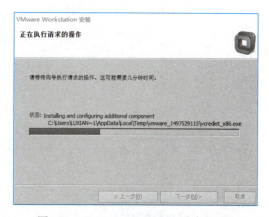
图1.13　VMWare Workstation安装界面9

(10)在如图 1.14 所示的界面中输入许可证密钥,随后单击"输入"按钮,进入如图 1.15 所示的界面,此时 VMware Workstation 已经安装完成,单击"完成"按钮结束安装。

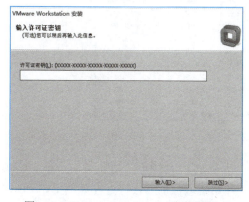
图1.14　VMware Workstation安装界面10

图1.15　VMware Workstation安装界面11

步骤 2：解压现有 Ubuntu 镜像

考虑到智能家居开发环境的搭建相对烦琐，本书建议读者直接下载官方已经配置好的开发环境，完成这一步骤的读者可以跳过本项目接下来的安装步骤，直接从项目 2 开始功能模块的实现；如果有读者想具体了解智能家居开发环境的安装搭建，建议从步骤 3 开始（注意：在相关的具体比赛和实训中，Ubuntu 系统和 Qt 集成开发环境不需要参赛者自行下载安装）。以下是现有 Ubuntu 镜像环境的导入过程：

（1）可以通过链接 https://pan.baidu.com/s/1s0Kpv0w_09AKxWLt69qwOg（提取码：0g86）下载已经安装好的 Ubuntu 环境，并对下载好的压缩文件进行解压，下载压缩包界面如图 1.16 所示。

名称	修改日期	类型	大小
ubuntu.part1	2017/8/9 23:02	360压缩 RAR 文件	3,670,016…
ubuntu.part2	2017/8/9 23:05	360压缩 RAR 文件	3,670,016…
ubuntu.part3	2017/8/9 20:45	360压缩 RAR 文件	3,627,255…
ubuntu虚拟机密码	2017/8/9 16:21	文本文档	1 KB

图1.16　下载压缩包界面

（2）对三个 Ubuntu 压缩包进行解压，得到的文件目录如图 1.17 所示。

名称	修改日期	类型	大小
caches	2013/2/25 14:07	文件夹	
564df6c5-a738-ee63-dd4a-324198a3…	2012/12/6 15:02	VMEM 文件	2,097,152…
Ubuntu	2017/8/11 19:26	VMware 虚拟机…	9 KB
Ubuntu	2017/8/11 18:57	360压缩	2 KB
Ubuntu	2012/11/28 17:04	VMware 快照元…	0 KB
Ubuntu	2017/8/11 19:26	VMware 虚拟机…	4 KB
Ubuntu	2017/8/11 18:56	VMware 组成员	1 KB
Ubuntu-s001	2017/8/11 19:26	360压缩	1,965,440…
Ubuntu-s002	2017/8/11 19:26	360压缩	1,956,288…
Ubuntu-s003	2017/8/11 19:26	360压缩	2,020,480…
Ubuntu-s004	2017/8/11 19:26	360压缩	1,965,056…
Ubuntu-s005	2017/8/11 19:26	360压缩	1,959,744…
Ubuntu-s006	2017/8/11 19:26	360压缩	1,915,328…
Ubuntu-s007	2017/8/11 19:26	360压缩	593,408 KB
Ubuntu-s008	2017/8/11 19:26	360压缩	328,128 KB
Ubuntu-s009	2017/8/11 19:26	360压缩	282,688 KB
Ubuntu-s010	2017/8/11 19:26	360压缩	1,311,424…
Ubuntu-s011	2017/8/11 19:26	360压缩	1,960,064…
Ubuntu-s012	2017/8/11 19:26	360压缩	1,481,344…
Ubuntu-s013	2017/8/11 19:26	360压缩	848,832 KB
Ubuntu-s014	2017/8/11 19:26	360压缩	1,263,360…
Ubuntu-s015	2017/8/11 19:26	360压缩	8,320 KB
Ubuntu-s016	2017/8/11 19:26	360压缩	64 KB
vmware	2017/8/11 19:26	文本文档	215 KB
vmware-0	2016/9/29 11:13	文本文档	214 KB
vmware-1	2016/8/19 17:32	文本文档	240 KB
vmware-2	2016/7/13 15:18	文本文档	246 KB
vprintproxy	2013/1/22 9:31	文本文档	114 KB

图1.17　解压缩文件目录

（3）如果按照步骤 1 安装好 VMware Workstation 后，可以直接单击解压目录中的 Ubuntu.vmx，此时虚拟机软件会自动启动，读者只需单击"开启此虚拟机"按钮并在如图 1.18 所示的登录界面中输入相应信息便可进入开发环境，其中用户名是 zdd，开机密码是 bizideal。

图1.18　登录界面

步骤 3：Ubuntu 镜像下载安装

Ubuntu 是一个以桌面应用为主的开源 GNU/Linux 操作系统，支持 x86、amd64（即 x64）和 ppc 架构，由全球化的专业开发团队 Canonical Ltd 打造。本书中所使用的版本为 Ubuntu 12.04.5，其架构为 x86 的桌面系统，其具体的下载安装步骤如下所示：

（1）在浏览器中输入网址 http://www.ubuntu.org.cn/download/alternative-downloads，其界面如图 1.19 所示，单击 Ubuntu 12.04.5 LTS 下的 Ubuntu 12.04.5 Desktop (32-bit) 链接开始下载 Ubuntu 12.04.5 镜像，读者也可以通过其他渠道下载相同版本的 Ubuntu。

图1.19　Ubuntu镜像下载界面

（2）下载完成后，打开桌面上的 VMware Workstation 软件，单击主界面上的"创建新的虚拟机"按钮，进入如图 1.20 所示的界面。

（3）单击"下一步"按钮，进入如图1.21所示的界面，通过单击"浏览"按钮选择刚才下载的Ubuntu镜像文件。

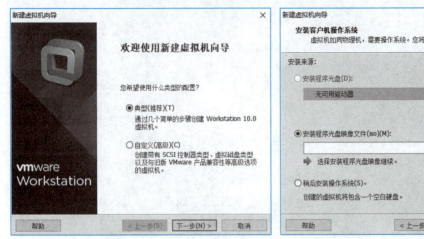

图1.20　Ubuntu镜像安装界面1　　　　图1.21　Ubuntu镜像安装界面2

（4）单击"下一步"按钮，进入如图1.22所示的界面，用户可以按照需要输入相应的用户名密码，此处例子中用户名为smarthome，密码为123。

（5）按要求输入完数据后单击"下一步"按钮，如图1.23所示的界面，用户可以根据需要更改虚拟机名称和位置。

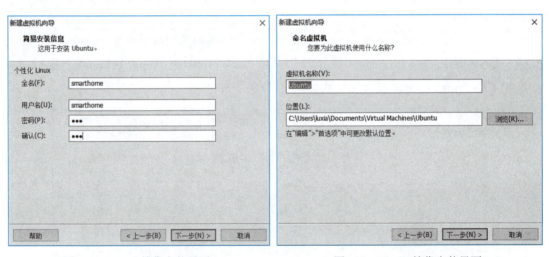

图1.22　Ubuntu镜像安装界面3　　　　图1.23　Ubuntu镜像安装界面4

（6）单击"下一步"按钮，进入如图1.24所示的界面，可以在此处根据需要设置预分配给虚拟机的硬盘空间大小。

（7）单击"下一步"按钮，进入如图1.25所示的界面，可以通过单击"自定义硬件"按钮调整虚拟机的硬件环境，其界面如图1.26所示。本书中将虚拟机的CPU设置为2个核心，内存设置为2 048 MB，用户也可以根据实际需要自行调整配置，同时配置完成后需单击"关闭"按钮使其生效。

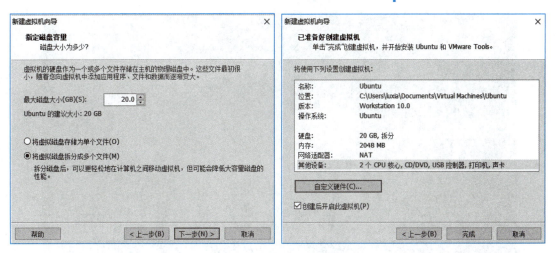

图1.24　Ubuntu镜像安装界面5　　　　　图1.25　Ubuntu镜像安装界面6

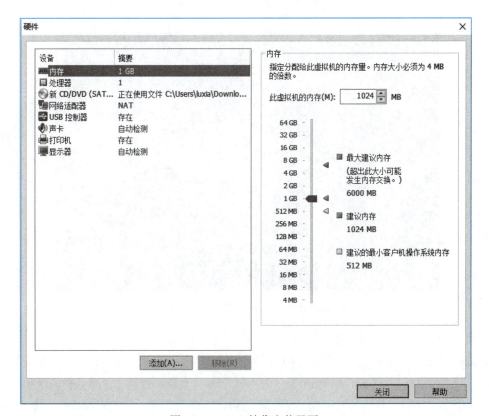

图1.26　Ubuntu镜像安装界面7

（8）单击"完成"按钮，此时虚拟机会自动启动并显示如图1.27所示的安装界面，该安装过程大概会持续3～5 min。

（9）安装完成后将显示如图1.28所示的界面，输入密码，随后单击Login按钮，便可进入Ubuntu系统，至此Ubuntu虚拟机的安装全部结束。

图1.27　Ubuntu镜像安装界面8

图1.28　Ubuntu镜像安装界面9

步骤4：Qt下载及编译安装

Qt是标准的C++框架，主要用于高性能的跨平台软件开发。它除了拥有扩展的C++类库以外，还提供了许多可用来直接快速编写应用程序的工具。Qt具有跨平台能力，并能提供国际化支持，其类功能全面，提供一致性接口，更易于学习使用，可减轻开发人员的工作负担，提高编程人员的效率。另外，Qt一直都是完全面向对象的。这一切确保了Qt应用程序的市场应用范围极为广泛。本书中将采用Qt 4.8.6作为开发版本，以下为其详细的下载安装步骤：

（1）在浏览器中输入网址 http://download.qt.io/archive/qt/4.8/4.8.6/ 进入下载界面，并单击qt-everywhere-opensource-src-4.8.6.tar.gz进行下载，如图1.29所示。读者也可通过其他渠道下载相同版本的Qt。在比赛或实训过程中，学生一般不需要自行搭建Qt开发环境。

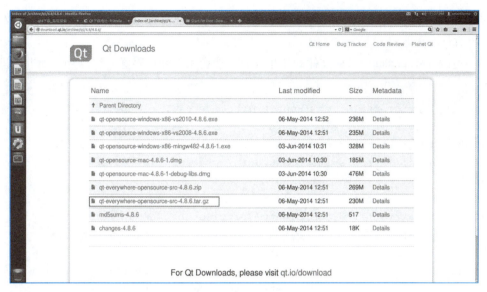

图1.29　Qt下载页面

（2）打开终端，在其中输入命令 cd /home/smarthome/Downloads/，进入下载路径，随后输入命令 gunzip qt-everywhere-opensource-src-4.8.6.tar.gz 和 tar xvf qt-everywhere-opensource-src-4.8.6.tar 对下载的文件进行解压。

（3）解压完成后会在该路径下生成一个 qt-everywhere-opensource-src-4.8.6 文件夹，此时继续在终端中输入命令 cd qt-everywhere-opensource-src-4.8.6/ 以进入该目录，并依次输入命令 sudo apt-get install libX11-dev libXext-dev libXtst-dev 和 ./configure。

（4）按【Enter】键执行 configure 命令进行配置，并在第一个提示处输入字母 o，在第二个提示处输入 yes，等待几分钟，会生成 Makefile 文件，其界面如图 1.30 所示。

（5）随后在终端中继续输入命令 sudo apt-get install g++ 以安装 g++，完成后输入命令 make 编译 Qt，该过程可能会花费一到两个小时。

（6）编译完成后，执行 sudo make install 命令，这样会将 Qt 安装到 /usr/local/Trolltech/Qt-4.8.6 目录下。随后执行命令 /usr/local/Trolltech/Qt-4.8.6/bin/designer，显示如图 1.31 所示的界面说明安装成功。

图1.30　configure命令配置界面

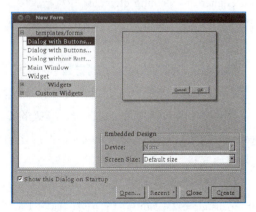

图1.31　designer运行效果

除了通过下载源码包进行解压编译来安装 Qt 外,Ubuntu 还支持通过命令直接安装 Qt,其步骤如下所示:

(1) 更改 /etc/apt/sources.list 文件的使用权限,然后用下列代码直接更换 sources.list 里面的代码:

```
deb http://mirrors.163.com/ubuntu/ precise main restricted
deb-src http://mirrors.163.com/ubuntu/ precise main restricted
deb http://mirrors.163.com/ubuntu/ precise-updates main restricted
deb-src http://mirrors.163.com/ubuntu/ precise-updates main restricted
deb http://mirrors.163.com/ubuntu/ precise universe
deb-src http://mirrors.163.com/ubuntu/ precise universe
deb http://mirrors.163.com/ubuntu/ precise-updates universe
deb-src http://mirrors.163.com/ubuntu/ precise-updates universe
deb http://mirrors.163.com/ubuntu/ precise multiverse
deb-src http://mirrors.163.com/ubuntu/ precise multiverse
deb http://mirrors.163.com/ubuntu/ precise-updates multiverse
deb-src http://mirrors.163.com/ubuntu/ precise-updates multiverse
deb http://mirrors.163.com/ubuntu/ precise-backports main restricted universe multiverse
deb-src http://mirrors.163.com/ubuntu/ precise-backports main restricted universe multiverse
deb http://mirrors.163.com/ubuntu/ precise-security main restricted
deb-src http://mirrors.163.com/ubuntu/ precise-security main restricted
deb http://mirrors.163.com/ubuntu/ precise-security universe
deb-src http://mirrors.163.com/ubuntu/ precise-security universe
deb http://mirrors.163.com/ubuntu/ precise-security multiverse
deb-src http://mirrors.163.com/ubuntu/ precise-security multiverse
deb http://extras.ubuntu.com/ubuntu precise main
deb-src http://extras.ubuntu.com/ubuntu precise main
```

(2) 在终端中输入命令 apt-get update 更新源信息,完成后输入命令 sudo apt-get install g++ 安装 g++。

(3) 输入命令 sudo apt-get install libqt4-dev libqt4-dbg libqt4-gui libqt4-sql qt4-dev-tools qt4-doc qt4-designer qt4-qtconfig qtcreator 并执行。安装包可以根据需要选择,但建议全部安装。随后耐心等待安装完成,安装完成后在命令行输入命令 qtcreator,即可打开 Qt Creator 运行界面,如图 1.32 所示。

步骤 5:Qt Creator 下载安装

Qt Creator 主要是为了帮助新 Qt 用户快速入门并运行项目,还可提高有经验的 Qt 开发人员的工作效率,其包括项目生成向导、高级的 C++ 代码编辑器、浏览文件及类的工具,集成了 Qt Designer、Qt Assistant、Qt Linguist、图形化的 GDB 调试前端、qmake 构建工具等。具体下载安装步骤如下:

(1) 在浏览器中输入网址 http://download.qt.io/archive/qtcreator/2.4/,选择 qt-creator-linux-x86-opensource-2.4.1.bin 进行下载,如图 1.33 所示。读者也可通过其他渠道下载相同版本的 Qt

Creator。在比赛或实训过程中，学生一般不需要自行搭建 Qt 开发环境。

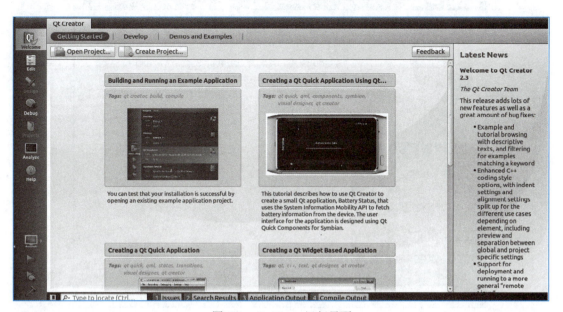

图1.32　Qt Creator运行界面

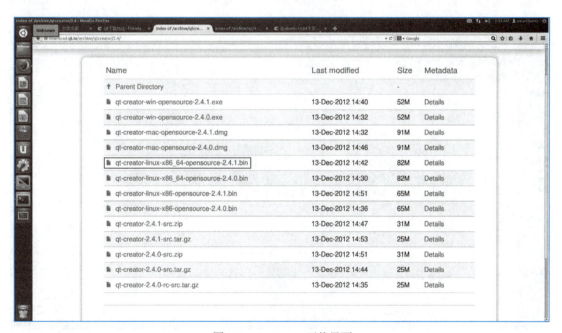

图1.33　Qt Creator下载界面

（2）单击界面左侧任务栏上的终端程序，使用终端命令行 cd 到 Downloads 目录，输入命令 chmod a+x qt-creator-linux-x86-opensource-2.4.1.bin 使 bin 文件具有可执行的权限，然后输入 ./qt-creator-linux-x86-opensource-2.4.1.bin 命令安装 bin 文件，其执行结果如图 1.34 所示。

（3）随后根据提示完成 Qt Creator 的安装，结束后该程序的运行界面如图 1.35 所示。

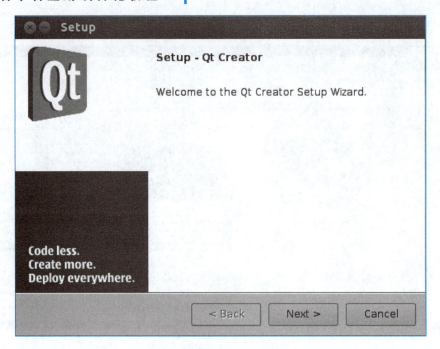

图1.34　Qt Creator安装界面

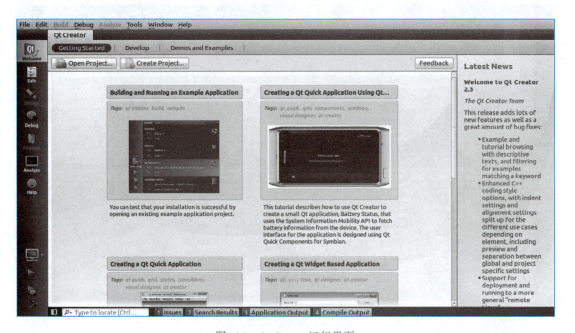

图1.35　Qt Creator运行界面

（4）选择 Tools → Options 命令，在 Options 对话框中选择 Build&Run，选择 Qt Versions 选项卡，单击 Add 按钮，路径选择为 /usr/local/Trolltech/Qt-4.8.6/bin/qmake，其运行结果如图 1.36 所示，最后单击 Apply 按钮。至此，Qt Creator 的编译环境搭建完毕。

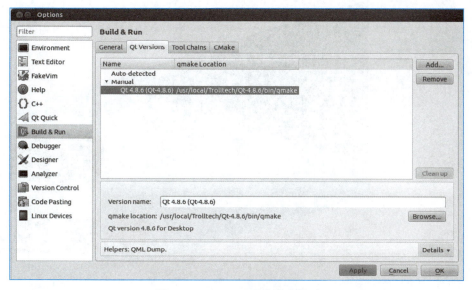

图1.36　Qt Creator环境搭建界面

完成 Ubuntu 系统中的 Qt 集成开发环境安装后，可以尝试在 Windows 系统中安装和搭建 Qt 集成开发环境，比较两者差异及各自的优势。

练习

（1）请问安装 VMwareWorkstation 的目的是什么？

（2）请问 Linux 操作系统诞生于何时？

（3）请问在 Linux 终端中创建目录的命令是什么？

（4）请问在 Linux 终端中安装 g++ 的命令是什么？

（5）以下关于 Qt 的描述正确的是（　　）。

　　A. 是一个不跨平台的 C++ 图形用户界面

　　B. 由挪威 TrollTech 公司出品

　　C. 只支持 Unix、Linux

　　D. Qt API 和开发工具对所支持的平台是不一致的

（6）以下关于 Qt 的描述不正确的是（　　）。

　　A. Qt 支持 2D 图形渲染

　　B. Qt 支持 3D 图形渲染

　　C. Qt 支持 OpenGL

　　D. Qt 不支持 XML

项目2 登录注册

 项目目标

通过本项目的学习，学生可以掌握以下技能：
① 能够创建合适的 Qt 工程项目并根据需要添加资源文件；
② 能够理解并灵活使用栅格布局管理器、基础控件、鼠标事件和标准对话框；
③ 能够利用代码实现 SQLite 数据库的增、删、改、查操作；
④ 能够通过调试解决代码的错误提示并保证正常编译运行。

 项目描述

智能家居应用主要用于监测环境参数和控制家电设备，因此其安全性设计至关重要，而登录注册作为一个用户授权的功能模块，能够有效避免无关用户对重要功能的操作及使用。本项目将主要讲解登录注册模块的设计思路和所需要的理论知识。

相关知识

1. SQLite 数据库

SQLite 是一种嵌入式数据库，它的数据库就是一个文件。由于 SQLite 本身是 C 语言写的，而且体积很小，所以，经常被集成到各种应用程序中，甚至在 iOS 和 Android 的 App 中都可以集成。因此它是一款实现了自给自足的、无服务器的、零配置的、事务性的 SQL 数据库引擎，基于此种特性，它很好地符合了智能家居嵌入式平台应用的使用场景及需求，为其登录注册模块提供了相对便利和安全的存储方式。

1）SQLite 的优势

SQLite 具有以下优势：

（1）不需要一个单独的服务器进程或操作的系统（无服务器的）。

（2）SQLite 不需要配置，这意味着不需要安装或管理。

（3）一个完整的 SQLite 数据库是存储在一个单一的跨平台的磁盘文件。

（4）SQLite 是非常小的，是轻量级的，完全配置时小于 400 KB，省略可选功能配置时小于 250 KB。

（5）SQLite 是自给自足的，这意味着不需要任何外部的依赖。

（6）SQLite 事务是完全兼容 ACID 的，允许从多个进程或线程安全访问。

（7）SQLite 支持 SQL92（SQL2）标准的大多数查询语言的功能。

（8）SQLite 是使用 ANSI-C 编写的，并提供了简单和易于使用的 API。

（9）SQLite 可在 UNIX（Linux、Mac OS-X、Android、iOS）和 Windows（Win32、WinCE、WinRT）中运行。

2）SQLite 的常用语句

其中，SQLite 中常用的语句分为增、删、改、查四种，其使用方法如下：

（1）插入数据。插入语句的格式如下：

```
insert [into] <表名> (列名) values (列值)
```

例如，在一个学生表 Students 中插入一行信息：

```
insert into Students (name,sex,birth) values ('开心朋朋','男','1980/6/15');
```

（2）删除数据。删除语句的格式如下：

```
delete from <表名> [where <删除条件>]
```

例如，删除学生表 Students 中姓名为"开心朋朋"：

```
delete from Students where name='开心朋朋';
```

（3）修改数据。删除语句的格式如下：

```
update <表名> set <列名=更新值> [where <更新条件>]
```

例如，修改学生表 Students 中姓名为"开心朋朋"的性别为"女"：

```
update Students set sex='女' where name='开心朋朋';
```

（4）查询数据。查询语句的格式如下：

```
select <列名> from <表名> [where <查询条件表达式>] [order by <排序的列名> [asc 或 desc]]
```

例如，查询学生表 Students 中所有学生信息：

```
select * from Students;
```

2. 栅格布局管理器 QGridLayout

栅格布局管理器 QGridLayout 主要用于实现部件在网格中布局，它将所有的空间分割成一定数量的行和列，并把每个窗口部件插入并管理到正确的单元格，其工作原理如下：

栅格布局管理器 QGridLayout 首先计算位于其中的空间，然后将它们合理地划分成若干个行（row）和列（column），并把每个由它管理的窗口部件放置在合适的单元（cell）之中，这里所指的单元即是指由行和列交叉所划分出来的空间。

QGridLayout 主要具有 horizontalSpacing 和 verticalSpacing 两个属性，分别用于管理控件之间水平方向和垂直方向上的间距。QGridLayout 主要函数如表 2.1 所示。

表2.1 QGridLayout主要函数

函数	说明
addLayout(Qlayout *layout,int row,int column,Qt::Alignment =0)	主要用于在QGridLayout中添加布局。其中，layout表示需要添加的布局对象；row和column分别表示添加布局网格的行号和列号；Qt::Alignment表示布局放置在单元格中的位置，默认为0，表示填充整个单元格
addWidget(QWidget *widget,int row,int column,Qt::Alignment =0)	主要用于在QGridLayout中添加控件。其中，widget表示需要添加的窗口部件；row和column分别表示添加部件网格的行号和列号；Qt::Alignment表示控件放置在单元格中的位置，默认为0，表示填充整个单元格
QRect cellRect(int row,int column)	主要用于获取根据row和column值所确定单元格的空间尺寸，如果row和column越界，则返回无效的QRect
int columnCount()	获取QGridLayout中的列数，同样有rowCount返回行数
int columnMinimumWidth(int column)	获取指定列的最小宽度，该值可以通过函数setColumnMinimuWidth(int column,int width)设置。函数rowMinimumHeight(int row)获取某一行的最小高度，且利用函数setRowMinimunHeight(int row,int height)进行设置
int columnStretch(int column)	获取指定列column的拉升因子，该值可以通过函数setColumnStretch(int column,int stretch)进行设置。函数int rowStretch(int row)可以获取行row的伸缩值，并通过函数setRowStretch(int row,int stretch)设置
count()	返回网格有多少个单元
void getItemPosition(int index,int *row,int *column,int *rowSpan,int *columnspan)	用于获取index所指定的元素所在的行列号及水平垂直所占用的跨越单元个数
setSpacing()	设置网格垂直及水平方向控件之间的间隔尺寸。该值可以利用函数spacing()获取，如果horizontalSpacing与verticalSpacing不同则返回-1

QGridLayout控件效果如图2.1所示。

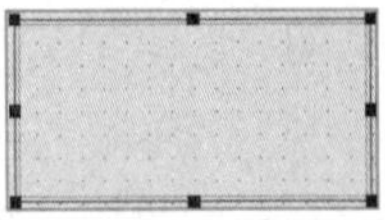

3. QLabel、QLineEdit 和 QPushButtion

（1）QLabel 是 Qt 界面中的标签类，它继承自 QFrame 类，主要用于文本或图像的显示，但没有提供用户交互功能。一个 QLabel 可以包含表 2.2 的任意内容类型。

图2.1 QGridLayout控件效果

表2.2 QLabel内容类型

内容	设置
纯文本	使用setText()设置一个QString
富文本	使用setText()设置一个富文本的QString，相比较于纯文本，富文本可以对选中的部分单独设置字体、字形、字号、颜色
图像	使用setPixmap()设置一个图像
动画	使用setMovie()设置一个动画
数字	使用setNum()设置int或double，并转换为纯文本
Nothing	空的纯文本，默认的，使用clear()设置

QLabel 控件效果如图 2.2 所示。

（2）QLineEdit 部件是一个单行文本输入框，它允许用户输入和编辑单行纯文本，它提供了很多有用的编辑功能，包括撤销和重做、剪切和粘贴、拖放等。表 2.3 中列举了 QLineEdit 部件的常用接口。

图2.2　QLabel控件效果

表2.3　QLineEdit常用接口

函数	说明
QString text()	返回输入框的当前文本
void addAction(QAction * action, ActionPosition position)	添加action至指定位置
Qt::Alignment alignment()	用于设置输入框的对齐方式（水平和垂直方向）。默认情况下，该属性包含Qt::AlignLeft和Qt::AlignVCenter
QString selectedText()	返回选中的文本。如果没有选中，则返回一个空字符串。默认为一个空字符串
void setCursorPosition(int)	用于设置输入框当前光标的位置。设置光标位置时，会重新绘制光标位置。默认情况下，属性值为0
void setEchoMode(EchoMode)	用于设置输入框的显示模式。显示模式决定了输入框对用户的文本显示。默认值为Normal，同时包含NoEcho、Password和PasswordEchoOnEdit等其他模糊输入。部件的显示、复制或拖动文本的行为受此设置的影响
void setMaxLength(int)	用于设置文本的最大允许长度。如果文本太长，将从限制的位置截断。默认值为32 767
void setReadOnly(bool)	用于设置输入框是否为只读。在只读模式下，用户仍然可以将文本复制到剪贴板，或拖放文本（如果echoMode()是Normal），但不能编辑它。只读模式下，QLineEdit也不显示光标
void setValidator(const QValidator * v)	设置输入框的验证器，将限制任意可能输入的文本。如果v == 0，将会清除当前的输入验证器

QLineEdit 控件效果如图 2.3 所示。

（3）QPushButton 部件继承自 QButton 类，通常用于执行命令或触发事件。表 2.4 列举了其常用成员函数。

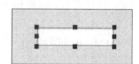

图2.3　QLineEdit控件效果

表2.4　QPushButton常用成员函数

函数	说明
QPushButton::QPushButton（const QString &text, QWidget *parent, const char *name = 0)	构造一个名称为name，父对象为parent并且文本为text的按钮
void QButton::pressed()[信号]	当按下该按钮时发射信号
void QButton::clicked()[信号]	当单击该按钮时发射信号
void QButton::released()[信号]	当释放该按钮时发射信号
void QButton::setText（const QString &)	设置该按钮上显示的文本
QString QButton::text()	返回该按钮上显示的文本

QPushButton 控件效果如图 2.4 所示。

4. 鼠标事件

QMouseEvent 类包含了用于描述鼠标事件的参数。当在一个窗口里按住鼠标按键，或移动、或释放就会产生鼠标事件 QMouseEvent。鼠标移动事件只会在按下鼠标按键的情况下才会发生，除非通过显式调用 QWidget::setMouseTracking() 函数来开启鼠标轨迹，这种情况下只要鼠标指针在移动，就会产生一系列的 Qt 鼠标事件。在一个窗口中，当鼠标按键被按下时，Qt 会自动捕捉鼠标轨迹，鼠标指针所在的父窗口会继续接收鼠标事件，直到最后一个鼠标按键被释放。当需要对鼠标事件进行处理时，通常要重新实现以下几个鼠标事件处理函数。

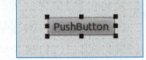

图2.4 QPushButton控件效果

（1）QWidget::mousePressEvent()：鼠标按下处理事件。

（2）QWidget::mouseReleaseEvent()：鼠标释放处理事件。

（3）QWidget::mouseDoubleClickEvent()：鼠标双击处理事件。

（4）QWidget::mouseMoveEvent：鼠标移动处理事件。

5. 标准对话框 QMessageBox

标准对话框是 Qt 内置的一系列对话框，它主要用于简化开发。事实上，有很多对话框都是通用的，比如打开文件、设置颜色、打印设置等。这些对话框在所有程序中几乎相同，因此没有必要在每一个程序中都自己实现这么一个对话框。

QMessageBox 是指模态对话框，主要用于显示信息、询问问题等。表 2.5 列举了常用的几种消息提示类型。

表2.5 QMessageBox消息提示类型

函 数	说 明
QMessageBox::about(QWidget * parent, const QString & title, const QString & text)	用于显示关于对话框。这是一个最简单的对话框，其标题是 title，内容是 text，父窗口是 parent。对话框只有一个 OK 按钮
QMessageBox:: aboutQt(QWidget * parent, const QString & title = QString())	用于显示关于 Qt 信息的对话框，其标题是title，父窗口是parent
QMessageBox:: critical(QWidget * parent, const QString & title, const QString & text, StandardButtons buttons = Ok, StandardButton defaultButton = NoButton)	用于显示严重错误对话框。这个对话框将显示一个红色的错误符号。可以通过 buttons 参数指明其显示的按钮。默认情况下只有一个 OK 按钮，可以使用 StandardButtons类型指定多种按钮
QMessageBox:: question(QWidget * parent, const QString & title, const QString & text, StandardButtons buttons = StandardButtons(Yes | No), StandardButton defaultButton = NoButton)	函数QMessageBox::question()与函数QMessageBox::critical() 类似，不同之处在于这个对话框提供一个问号图标，并且其显示的按钮是"是"和"否"
QMessageBox:: warning(QWidget * parent, const QString & title, const QString & text, StandardButtons buttons = Ok, StandardButton defaultButton = NoButton)	函数QMessageBox::warning()与函数QMessageBox::critical() 类似，不同之处在于这个对话框中有一个黄色叹号图标，如图2.5所示

项目2　登录注册

图2.5　QMessageBox控件效果

方案设计

为保证智能家居平台应用的安全性和可靠性，需要通过开发设计登录注册模块来实现授权用户后续功能的可操作性，最后验证该功能的实际运行情况，并根据实验要求完善其设计。

项目实施

步骤1：Qt工程创建

创建工程是本项目的第一步，其详细步骤如下：

（1）选择项目模板。在 Qt Creator 主界面上选择"文件"→"新建文件或项目"命令（也可以通过主界面上的"创建项目"或者按快捷键【Ctrl+N】实现），在弹出的"新项目"对话框中选择 Qt 控件项目中的"Qt Gui 应用"选项，然后单击"选择"按钮，如图 2.6 所示。

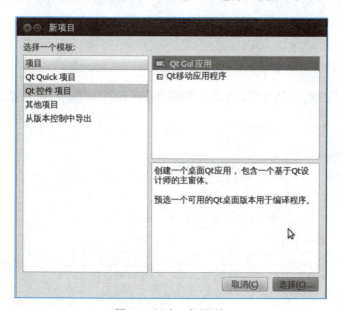

图2.6　新建工程界面1

（2）输入项目信息。在"项目介绍和位置"界面中输入项目的名称 SmartHome（项目名称可以自己设定，这里就以 SmartHome 为项目名称），随后单击"浏览"按钮选择 Documents 文件夹，单击 Open 按钮确定操作，如图 2.7 所示。完成后单击"下一步"按钮，进入下一个界面（注意项目名称和路径中均不可以出现中文）。

25

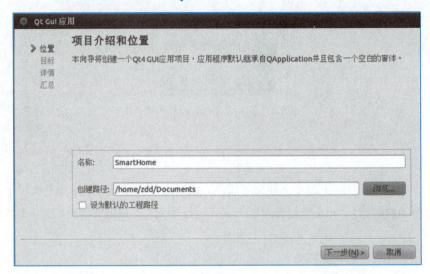

图2.7 新建工程界面2

（3）选择构建套件。首先在 SmartHome 工程项目的根目录下新建文件夹，其中 Release-x86 文件夹用于存储虚拟机中运行的发布版本编译文件；Release-ARM 文件夹用于存储网关中运行的发布版本编译文件；Debug-x86 文件夹用于存储虚拟机中运行的调试版本编译文件；Debug -ARM 文件夹用于存储网关中运行的调试版本编译文件。同时，将 lib-SmartHomeGateway-X86.so 类库复制到 Release-x86 文件夹和 Debug-x86 文件夹中，将 lib-SmartHomeGateway-ARM.so 类库复制到 Release-ARM 文件夹和 Debug -ARM 文件夹中。在"创建构建设置"中选择手动设置，并根据需要分别设置发布版本和调试版本的工作目录，其结果如图 2.8 所示。然后单击"下一步"按钮。

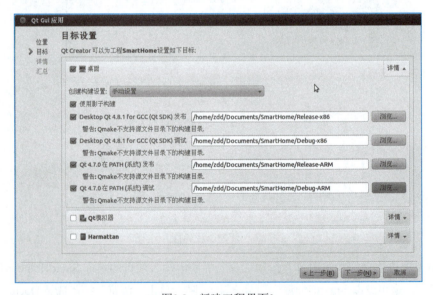

图2.8 新建工程界面3

（4）输入类信息。在如图 2.9 所示的类信息界面中已经自动生成了项目工程的类名，此处修改类名为 Login，基类选择 QDialog，表明该类继承自 QDialog 类，使用这个类可以自动生成一个对话框界面，且下面的头文件、源文件和界面文件都会自动生成，然后单击"下一步"按钮。

> 项目 2　登录注册

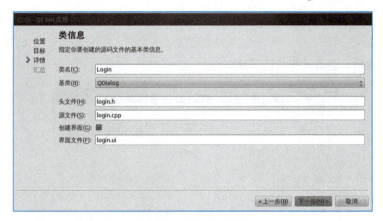

图2.9　新建工程界面4

（5）设置项目管理。在项目管理界面可以看到所创建项目的汇总信息，同时可以设置版本控制系统，但在本项目中不会涉及，直接单击"完成"按钮结束项目创建，如图 2.10 所示。

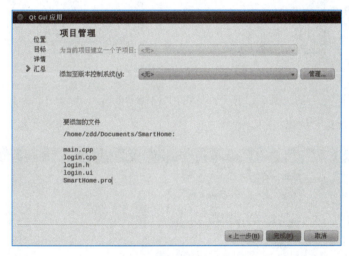

图2.10　新建工程界面5

（6）根据项目需求，需要单独创建一个注册界面，所以接下来需要添加新文件。在项目文件名称处右击会弹出如图 2.11 所示的快捷菜单，选择"添加新文件"命令。

图2.11　添加新文件界面1

（7）添加 Qt 设计师界面类。在如图 2.12 所示的界面中选择 Qt → "Qt 设计师界面类"，然后单击"选择"按钮。在 Qt 中，每一个界面类包含了头文件、源文件和界面文件，选择"Qt 设计师界面类"选项后，会自动生成这三项文件。

图2.12　添加新文件界面2

（8）选择界面模板。在如图 2.13 所示的界面中选择 Dialog without Buttons，即无按钮界面样式，然后单击"下一步"按钮。

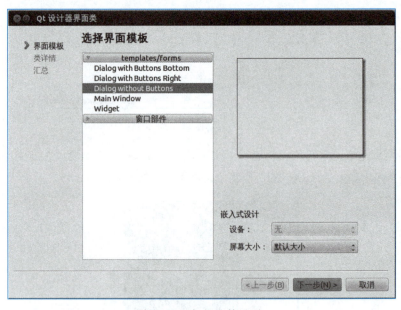

图2.13　添加新文件界面3

（9）选择类名。将类名对话框中的名称改为 Register，其主要用于实现注册功能，这时下面的头文件、源文件和界面文件都会自动生成，保持默认即可，如图 2.14 所示，然后单击"下一步"按钮。

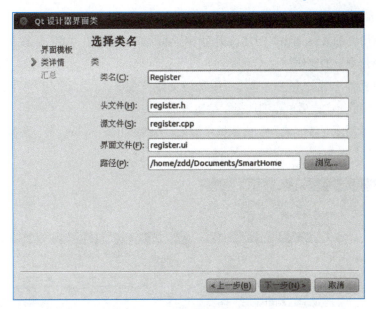

图2.14 添加新文件界面4

（10）项目管理。在如图2.15所示的项目管理界面中会显示所有添加的文件名称，单击"完成"按钮，结束添加新文件操作。

（11）文件结构。添加完成后的文件结构如图2.16所示，其中各文件类型的说明如表2.6所示。

图2.15 添加新文件界面5

图2.16 添加新文件界面6

表2.6 文件类型说明

文件扩展名	说 明
.pro	该文件是项目文件，其中包含了项目相关信息
.h	该文件是新建类的头文件
.cpp	该文件是新建类的源文件
.ui	该文件是设计师界面类中界面所对应的界面文件

步骤 2：添加资源文件及头文件

为了使本应用更加人性化和美观化，界面中需要添加大量的图片素材，以下详细说明在 Qt Creator 中添加图片素材的操作流程：

（1）在项目文件名称处右击，选择"添加新文件"命令，在如图 2.17 所示的界面中选择 Qt → "Qt 资源文件"，完成后单击"选择"按钮。

（2）如图 2.18 所示，在"名称"文本框中输入资源文件的名称 Images，路径保持默认即可，然后单击"下一步"按钮。

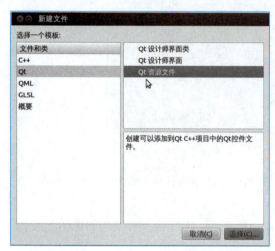 

图2.17　资源文件添加步骤1　　　　　图2.18　资源文件添加步骤2

（3）在如图 2.19 所示的项目管理界面中会显示所有添加的文件名称，单击"完成"按钮，结束添加资源文件操作。

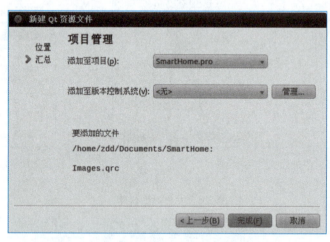

图2.19　资源文件添加步骤3

（4）打开新添加的资源文件 Images.qrc，单击"添加"按钮，选择"添加前缀"，并将其前缀名称改为 /images，这样有利于代码编写时根据前缀名导入图片，而不需要知道详细的图片路径，其界面如图 2.20 所示。

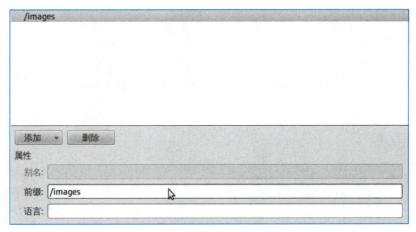

图2.20 资源文件添加步骤4

（5）在 SmartHome 工程项目的根目录中新建 images 文件夹，将项目所需的图片素材全部复制到该文件夹中。然后再次单击"添加"按钮，选择"添加文件"，并在弹出的对话框中选择 images 文件夹路径下所需添加的图片素材文件，完成后的界面如图 2.21 所示。

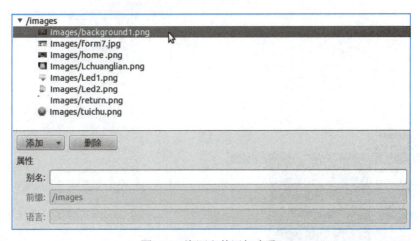

图2.21 资源文件添加步骤5

为方便利用 Qt Creator 开发应用程序，通常需要引用各类已通过编译测试的头文件，这些文件的搭配使用极大缩短了应用程序的开发周期。头文件与其对应生成的类库密切相关，类库中打包了各个类的源文件，头文件留出来以供查看和调用类中的函数。以下是添加头文件的详细操作流程。

（1）将需要添加的文件复制到工程文件的根目录下，如图 2.22 所示，将所需头文件 command.h、configure.h、jsoncommand.h、log.h、posix_qextserialport.h、qextserialbase.h、qextserialport.h、sql.h、tcpclientthread.h、tcpserver.h、tcpthread.h 和 VariableDefinition.h 复制到项目 SmartHome 的根目录中，其详细作用和说明请参照附录 A 及附录 B。

（2）打开工程项目文件 SmartHome.pro，右击头文件文件夹，选择"添加现有文件"命令，如图 2.23 所示，依次将所需添加的头文件添加后即可显示在工程中，其项目结构如图 2.24 所示。

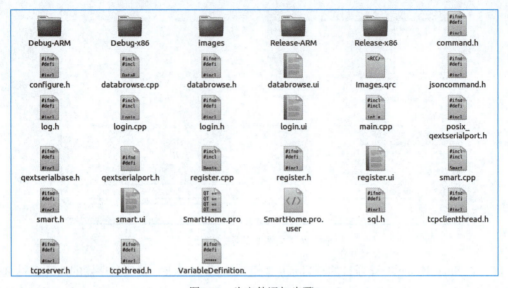

图2.22　头文件添加步骤1

图2.23　头文件添加步骤2

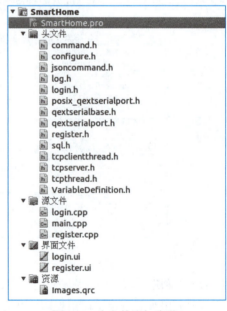

图2.24　头文件添加步骤3

步骤3：添加功能模块类

在以上步骤的基础上添加设计师界面类DataBrowse、Smart以及编译所需的库文件lib-SmartHomeGateway-X86.so，其中SmartHome.pro的代码结构如下：

```
QT += core gui
QT += network                              # 添加network模块用于网络通信
QT += script                               # 添加script模块用于解析JSON
QT += sql                                  # 添加sql模块用于数据库操作
LIBS+=./lib-SmartHomeGateway-X86.so        # 添加库文件
TARGET = SmartHome                         # 项目名称
TEMPLATE = app
```

```
SOURCES += main.cpp\                    # 源文件列表
   …
HEADERS  += login.h \                   # 头文件列表
   …
FORMS += login.ui \                     # 界面文件列表
   …
RESOURCES += \                          # 资源文件列表
   Images.qrc
```

步骤4：修改界面布局

本部分界面主要由三种控件组成：Label、LineEdit 和 PushButton。

1）Label 控件

Label 控件的使用方法如下：

（1）选择找到界面文件，在本项目中以 login.ui 为例，如图 2.25 所示。

双击 login.ui 文件，进入图形化界面设计窗体，在窗体左侧的 Display Widgets 栏找到 Label 图标，如图 2.26 所示。Label 是 Qt 开发中常用的文本标签。

图2.25　界面文件

图2.26　Label控件设置1

（2）选中 Label 图标，将其拖动至界面中，成功地在界面中添加一个文本标签，如图 2.27 所示。

此时可以将 Label 中的文本修改成符合项目需求的文本，在此处就以"温湿度："为例。修改文本的方法有两种。第一种方法是双击刚刚拖出来的 Label 控件，将它自带的 TextLabel 文本修改为"温湿度："文本，如图 2.28 所示。

图2.27　Label控件设置2

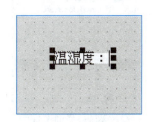

图2.28　Label控件设置3

另一种方法则是选中刚刚拖出来的 Label 后，在右侧的属性栏中找到 text 属性，在其中输入文本"温湿度："，如图 2.29 所示。

（3）为了在项目开发过程中避免控件太多导致的混淆，需要修改控件的名称，在右上角的控件列表中找到这个 label，修改它的名称，此处以 temp 为例，如图 2.30 所示。

图2.29 Label控件设置4

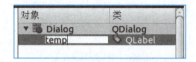

图2.30 Label控件设置5

至此,完成 Label 控件的基础使用部分。

2) LineEdit 控件

LineEdit 控件的使用方法与 Label 控件有相似之处,其具体方法如下:

(1) 选择找到界面文件,在本项目中以 login.ui 为例,如图 2.31 所示。

双击 login.ui 文件,进入图形化界面设计窗体,在窗体左侧的 Input Widgets 栏找到 Line Edit 图标,如图 2.32 所示。Line Edit 是 Qt 开发中常用的单行文本输入控件,一般用于用户名、密码等少量文本交互的地方。

图2.31 界面文件

图2.32 LineEdit控件设置1

(2) 选中 Line Edit 图标,将其拖动至界面中,就能成功地在界面中添加一个输入文本,如图 2.33 所示。

此时可以将 LineEdit 中的文本修改成符合项目需求的文本,在此处以 bizideal 为例。修改文本的方法有两种。第一种方法是双击刚刚拖出来的 LineEdit 控件,将它自带的空白文本修改为 bizideal 文本,如图 2.34 所示。

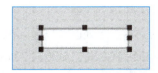 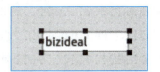

图2.33　LineEdit控件设置2　　　　　　图2.34　LineEdit控件设置3

另一种方法则是选中刚刚拖出来的 LineEdit 后，在右侧的属性栏中找到 text 属性，在其中输入文本 bizideal，如图 2.35 所示。

（3）为了在项目开发过程中避免控件太多导致的混淆，需要修改控件的名称，在右上角的控件列表中找到这个 LineEdit，修改它的名称，此处以 username 为例，如图 2.36 所示。

图2.35　LineEdit控件设置4　　　　　　图2.36　LineEdit控件设置5

至此，完成 LineEdit 控件的基础使用部分。

3）PushButton 控件

PushButton 控件主要有两种表现形式：第一种是使用文本表示按钮内容；第二种是用图片表示内容。以下是两种表示方法的具体设置步骤：

（1）选择找到界面文件，在本项目中以 login.ui 为例，如图 2.37 所示。

双击 login.ui 文件，进入图形化界面设计窗体，在窗体左侧的 Buttons 栏找到 Push Button 图标，如图 2.38 所示。Push Button 是 Qt 开发中用来命令计算机执行一些操作，或者回答一个问题。典型的按钮有确定（OK）、应用（Apply）、撤销（Cancel）、关闭（Close）、是（Yes）、否（No）和帮助（Help）等。

 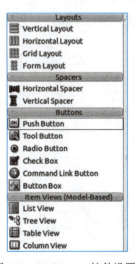

图2.37　界面文件　　　　　　图2.38　PushButton控件设置1

（2）选中 Push Button 图标，将其拖动至界面中，在界面中添加一个命令按钮，如图 2.39 所示。

此时可以将 PushButton 中的文本修改成符合项目需求的文本，此处以"登录"为例。修改文本的方法有两种。第一种方法是双击刚刚拖出来的 PushButton 控件，将它自带的"PushButton"文本修改为"登录"文本，如图 2.40 所示。

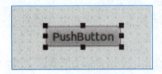

图2.39　PushButton控件设置2

图2.40　PushButton控件设置3

另一种方法则是选中刚刚拖出来的 PushButton 后，在右侧的属性栏中找到 text 属性，在其中输入文本"登录"，如图 2.41 所示。

（3）为了在项目开发过程中避免控件太多导致的混淆，需要修改控件的名称，在右上角的控件列表中找到这个 PushButton，修改它的名称，此处以 login 为例，如图 2.42 所示。

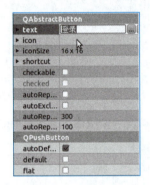

图2.41　PushButton控件设置4

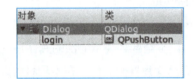

图2.42　PushButton控件设置5

（4）对于以图片作为背景的 PushButton 按钮，首先拖动一个 PushButton 控件至界面中，将其自带的 PushButton 文本删除，使其内容变为空白，如图 2.43 所示。

（5）右击该按钮控件，选择"改变样式表"命令，如图 2.44 所示，在弹出的"编辑样式表"对话框中选择"添加资源"里的 border-image，如图 2.45 所示。

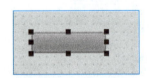

图2.43　PushButton控件设置6

图2.44　PushButton控件设置7

（6）在弹出的界面中选择所需添加的背景图片，完成后会在"编辑样式表"对话框中显示所添加图片的相对路径，如图 2.46 所示。单击"确定"按钮，效果如图 2.47 所示。

图2.45　PushButton控件设置8

图2.46　PushButton控件设置9

至此，完成 PushButton 控件的基础使用部分。

在熟悉以上控件使用方法后，分别对界面文件 login.ui、register.ui、databrowse.ui 和 smart.ui 进行设计，其中登录界面 login.ui 的界面布局效果如图 2.48 所示。

图2.47　PushButton控件设置10

图2.48　登录界面布局效果

登录控件的详细信息如表 2.7 所示。

表2.7　登录界面控件的详细信息

控件 ID	控件类别	控件内容
label	QLabel	用户名:
label_2	QLabel	密码:
label_3	QLabel	服务器IP:
label_4	QLabel	端口号:
leID	QLineEdit	bizideal
lePW	QLineEdit	123456
leServerIp	QLineEdit	18.1.10.2
lePort	QLineEdit	6001

续表

控件ID	控件类别	控件内容
btnLogin	QPushButton	登录
btnRegister	QPushButton	注册账户
btnSelect	QPushButton	查看账户
btnManage	QPushButton	管理账户
btnClose	QPushButton	关闭系统

注册界面register.ui的界面布局效果如图2.49所示，其控件详细信息如表2.8所示。

图2.49 注册界面布局效果

表2.8 注册界面控件信息表

控件ID	控件类别	控件内容
label	QLabel	用户名:
label_2	QLabel	密码:
label_3	QLabel	确认密码:
leID	QLineEdit	
lePW	QLineEdit	
lePW2	QLineEdit	
btnRegister	QPushButton	注册
btnClose	QPushButton	

数据浏览界面databrowse.ui的界面布局效果如图2.50所示，其控件详细信息如表2.9所示。

图2.50 数据浏览界面布局效果

表2.9 数据浏览界面控件信息

控件ID	控件类别	控件内容
tableView	QTableView	
btnDelete	QPushButton	删除账户
btnClose	QPushButton	

主界面 smart.ui 的界面布局效果图如图 2.51 所示,其控件详细信息如表 2.10 所示。

图2.51　主界面布局效果

表2.10　主界面控件信息

控 件 ID	控 件 类 别	控 件 内 容
label	QLabel	成功进入主界面

步骤 5:修改登录功能头文件和源文件

登录功能主要是用于实现验证用户信息,判断是否给予该用户使用权限,其功能模块主要由头文件 login.h 和源文件 login.cpp 实现。

1) login.h 的具体编写步骤

(1)打开头文件 login.h,其初始代码如下:

```
#ifndef LOGIN_H
#define LOGIN_H

#include <QDialog>

namespace Ui {
    class Login;
}

class Login : public QDialog
{
    Q_OBJECT

public:
    explicit Login(QWidget *parent=0);
    ~Login();

private:
    Ui::Login *ui;
};

#endif // LOGIN_H
```

(2)修改 login.h 头文件,在其首部引入其他功能的头文件,以此实现功能模块之间的交互。在代码 #include <QDialog> 下一行写入如下代码:

```cpp
#include "QMessageBox"           // 导入Qt对话框
#include "sql.h"                 // 导入数据库操作功能的头文件
#include "register.h"            // 导入用户注册功能的头文件
#include "databrowse.h"          // 导入用户查看功能的头文件
#include "tcpclientthread.h"     // 导入环境参数传递至服务器操作的客户端线程类头文件
#include "tcpserver.h"           // 导入网络服务器端类头文件
#include "smart.h"               // 导入主要功能模块实现函数的头文件
```

（3）在以上代码的下一行声明 deleteZhi 和 exPort 两个全局变量，其代码和注释如下所示：

```cpp
extern int deleteZhi;            // 用于判断账户删除操作是否符合条件
extern QString exPort;           // 用于读取所输入的端口号
```

（4）在 class Login : public QDialog 函数的 public 中声明 Sql 变量，同时在 private slots 中对各个按钮事件进行声明，其详细代码如下所示：

```cpp
public:
    explicit Login(QWidget *parent = 0);
    ~Login();
    SQL Sql;                             // 声明一个 SQL 类实例

private slots:                           // 声明鼠标单击事件的槽函数
    void on_btnClose_clicked();          // 关闭按钮单击事件

    void on_btnManage_clicked();         // 账户管理按钮单击事件

    void on_btnSelect_clicked();         // 账户查看按钮单击事件

    void on_btnRegister_clicked();       // 账户注册按钮单击事件

    void on_btnLogin_clicked();          // 账户登录按钮单击事件
```

以上便是头文件 login.h 的全部操作。

2）登录功能源文件 login.cpp 的具体操作

（1）打开源文件 login.cpp，其初始代码如下：

```cpp
#include "login.h"
#include "ui_login.h"

Login::Login(QWidget *parent) :
QDialog(parent),
ui(new Ui::Login)
{
    ui->setupUi(this);
}

Login::~Login()
{
    delete ui;
}
```

（2）对头文件 login.h 中声明的 deleteZhi 和 exPort 两个全局变量进行初始化，其位置处于 #include "ui_login.h" 的下一行，具体代码如下：

```cpp
int deleteZhi=0;
QString exPort=" ";
```

(3) 在函数 Login::Login(QWidget *parent) 中输入功能代码,其主要用于实现界面初始化工作,即当登录界面启动时完成数据库创建和用户信息插入,具体代码如下:

```
    setWindowFlags(Qt::FramelessWindowHint);      // 使窗口去掉标题栏
    static int i=0;
    if(i==0)
    {
        if(!Sql.SqlConnect())
        {
            this->deleteLater();
        }
        QSqlQuery sql;
        sql.exec("create table user(name,pwd)");
        // 创建数据库 user,其属性包括用户名 name 和密码 pwd
        sql.exec("select *from user where name='"+ui->leID->text()+"' and pwd='"+ui->lePW->text()+"' ");      // 对数据库进行查找
        if(sql.next())
        {

        }
        else
        {
            sql.prepare("insert into user values('bizideal','123456')");
                                                   // 将数据插入数据库中
            sql.exec();                            // 执行数据库操作命令
        }
    }
i++;
```

(4) 在程序尾部插入按钮事件实现函数,这些函数均与头文件 login.h 中 private slots 里声明的函数一一对应,具体代码如下:

```
/*
 * 函数名称:on_btnClose_clicked()
 * 函数功能:关闭程序
 * 返回值:空
 */
void Login::on_btnClose_clicked()
{
    this->close();                       // 关闭该窗口
}
/*
 * 函数名称:on_btnManage_clicked()
 * 函数功能:管理数据库
 * 返回值:空
 */
void Login::on_btnManage_clicked()
{
    deleteZhi=1;                         // 全局变量 deleteZhi 设置为 1
    DataBrowse a;                        // 新建数据浏览窗口
    a.exec();
}
```

```
/*
 * 函数名称：on_btnSelect_clicked()
 * 函数功能：查看数据库
 * 返回值：空
 */
void Login::on_btnSelect_clicked()
{
    deleteZhi=2;                        // 全局变量 deleteZhi 设置为 2
    DataBrowse a;                       // 新建数据浏览窗口
    a.exec();
}
/*
 * 函数名称：on_btnRegister_clicked()
 * 函数功能：注册程序
 * 返回值：空
 */
void Login::on_btnRegister_clicked()
{
    Register a;                         // 新建用户注册窗口
    this->close();
    a.exec();
}
/*
 * 函数名称：on_btnLogin_clicked()
 * 函数功能：登录进入主界面
 * 返回值：空
 */
void Login::on_btnLogin_clicked()
{
    QSqlQuery sql;
      sql.exec("select *from user where name='"+ui->leID->text()+"'and pwd='"+ui->lePW->text()+"'");    // 根据用户名和密码查找用户
    if(sql.next())                      // 如果条件查找成功则继续执行以下操作
    {
        exPort=ui->lePort->text();
        ServerIP=ui->leServerIp->text();
        Smart a;                        // 新建主界面
        this->close();
        a.exec();
    }
}
```

步骤 6：修改注册功能头文件和源文件

注册功能主要是用于实现用户信息写入数据库，以此授予用户权限提供其具体功能服务，其功能模块主要由头文件 register.h 和源文件 register.cpp 实现。

1）register.h 的具体编写步骤

（1）打开头文件 register.h，其初始代码如下：

```
#ifndef REGISTER_H
#define REGISTER_H

#include <QDialog>
```

```cpp
namespace Ui {
    class Register;
}

class Register : public QDialog
{
    Q_OBJECT

public:
    explicit Register(QWidget *parent = 0);
    ~Register();

private:
    Ui::Register *ui;
};

#endif // REGISTER_H
```

（2）修改 register.h 头文件，在其首部引入登录功能的头文件，在代码 #include <QDialog> 下一行写入如下代码：

```cpp
#include "login.h"
```

（3）在 class Register : public QDialog 函数的 private slots 中对各个按钮事件进行声明，其详细代码如下所示：

```cpp
private slots:
    void on_btnClose_clicked();         // 关闭按钮单击事件
    void on_btnRegister_clicked();      // 注册按钮单击事件
```

以上便是头文件 register.h 的全部操作。

2）注册功能源文件 register.cpp 的具体操作

（1）打开源文件 register.cpp，其初始代码如下：

```cpp
#include "register.h"
#include "ui_register.h"

Register::Register(QWidget *parent) :
    QDialog(parent),
    ui(new Ui::Register)
{
    ui->setupUi(this);
}

Register::~Register()
{
    delete ui;
}
```

（2）在函数 Register::Register(QWidget *parent) 中输入功能代码，其主要用于去除界面标题栏，具体代码如下：

```cpp
setWindowFlags(Qt::FramelessWindowHint);// 去除窗口标题栏
```

（3）在程序尾部插入按钮事件实现函数，这些函数均与头文件 register.h 中 private slots 里声明的函数一一对应，具体代码如下：

```cpp
/*
 * 函数名称:on_btnClose_clicked()
 * 函数功能:返回起始界面
 * 返回值:空
 */
void Register::on_btnClose_clicked()
{
    Login a;                                    // 新建登录界面
    this->close();                              // 关闭注册界面
    a.exec();
}
/*
 * 函数名称:on_btnRegister_clicked()
 * 函数功能:数据库注册
 * 返回值:空
 */
void Register::on_btnRegister_clicked()
{
    if(ui->leID->text()=="")
    {
        QMessageBox::critical(this,"注册失败","用户名不能为空","确认","取消");
                                                // 利用基础对话框提示错误信息
    }
    else if(ui->lePW->text()=="")
    {
        QMessageBox::critical(this,"注册失败","密码不能为空","确认","取消");
                                                // 利用基础对话框提示错误信息
    }
    else if(ui->lePW2->text()=="")
    {
        QMessageBox::critical(this,"注册失败","确认密码不能为空","确认","取消");
                                                // 利用基础对话框提示错误信息
    }
    else
    {
        QSqlQuery sql;
        sql.exec("select *from user where name='"+ui->leID->text()+"'");
                                                // 根据用户名查找数据库
        if(sql.next())
        {
        }
        else
        {
            if(ui->lePW->text()==ui->lePW2->text())
                                                // 判断两个密码框中的信息是否一致
            {
                sql.prepare("insert into user values(:name,:pwd)");
                                                // 将用户名和密码插入数据库
                sql.bindValue(":name",ui->leID->text());
                                                // 将控件中的数据绑定到数据库的插入操作中
                sql.bindValue(":pwd",ui->lePW->text());
                                                // 将控件中的数据绑定到数据库的插入操作中
```

```
                sql.exec();                    // 执行插入操作
                QMessageBox::information(this," 注册成功 "," 欢迎使用 "," 确认 "," 取消 ");
                                               // 提示用户注册成功
            }
            else
            {
                QMessageBox::critical(this," 注册失败 "," 两次密码不同 "," 确认 "," 取消 ");
                                               // 提示用户注册失败
            }
        }
    }
}
```

其中各个对话框的效果如图 2.52 ~ 图 2.58 所示。

图2.52　对话框效果图1

图2.53　对话框效果图2

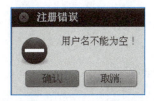

图2.54　对话框效果图3

图2.55　对话框效果图4

图2.56　对话框效果图5

图2.57　对话框效果图6

图2.58　对话框效果图7

步骤 7：修改数据浏览功能头文件和源文件

数据浏览功能主要是用于查看和删除用户注册信息，其功能模块主要由头文件 databrowse.h 和源文件 databrowse.cpp 实现。

1）databrowse.h 的具体编写步骤

（1）打开头文件 databrowse.h，其初始代码如下：

```
#ifndef DATABROWSE_H
#define DATABROWSE_H

#include <QDialog>

namespace Ui {
    class DataBrowse;
```

```
}

class DataBrowse : public QDialog
{
    Q_OBJECT

public:
    explicit DataBrowse(QWidget *parent = 0);
    ~DataBrowse();

private:
    Ui::DataBrowse *ui;
};

#endif // DATABROWSE_H
```

（2）修改 databrowse.h 头文件，在其首部引入登录功能的头文件，以此实现功能模块之间的交互，因此在代码 #include <QDialog> 下一行写入如下代码：

```
#include "login.h"
```

（3）在 class DataBrowse : public QDialog() 函数的 private slots 中对各个按钮事件进行声明，其详细代码如下所示：

```
private slots:
    void on_btnClose_clicked();        // 关闭按钮单击事件

    void on_btnDelete_clicked();       // 删除按钮单击事件
```

以上便是头文件 databrowse.h 的全部操作。

2）数据浏览功能源文件 databrowse.cpp 的具体操作

（1）打开源文件 databrowse.cpp，其初始代码如下：

```
#include "databrowse.h"
#include "ui_databrowse.h"

DataBrowse::DataBrowse(QWidget *parent) :
QDialog(parent),
ui(new Ui::DataBrowse)
{
    ui->setupUi(this);
}

DataBrowse::~DataBrowse()
{
    delete ui;
}
```

（2）在函数 DataBrowse::DataBrowse(QWidget *parent) 中输入功能代码，其主要用于实现界面中表格信息的填充，并根据条件判断是否显示删除按钮，具体代码如下：

```
setWindowFlags(Qt::FramelessWindowHint);                    // 去除窗口标题栏
QSqlQueryModel *model=new QSqlQueryModel();
model->setQuery("select *from user");                       // 查询用户信息
model->setHeaderData(0,Qt::Horizontal,"用户名");
```

```
                                        // 设置查询结果的列表中的属性名称
    model->setHeaderData(1,Qt::Horizontal,"密码");
                                        // 设置查询结果的列表中的属性名称
    ui->tableView->setModel(model);
    if(deleteZhi==1)
    {
        ui->btnDelete->show();          // 显示删除按钮
    }
    else
    {
        ui->btnDelete->hide();          // 隐藏删除按钮
    }
```

（3）在程序尾部插入按钮事件实现函数，这些函数均与头文件 databrowse.h 中 private slots 里声明的函数一一对应，具体代码如下：

```
/*
 * 函数名称：on_btnClose_clicked()
 * 函数功能：关闭和查看窗口
 * 返回值：空
 */
void DataBrowse::on_btnClose_clicked()
{
    this->close();// 关闭该界面
}

/*
 * 函数名称：on_btnDelete_clicked()
 * 函数功能：删除数据库
 * 返回值：空
 */
void DataBrowse::on_btnDelete_clicked()
{
    QModelIndex a=ui->tableView->model()->index(ui->tableView->currentIndex().row(),0);
                                                          // 获取表格中的数据索引
    QVariant data=ui->tableView->model()->data(a);        // 根据索引获取数据
    QString c=data.toString();                            // 将数据转换为字符串
    QSqlQuery sql;
    sql.exec("select *from user");                        // 查询所有用户信息
    if(sql.next())
    {
        sql.exec("delete from user where name='"+c+"'");
                                                          // 删除选中索引信息的用户
    }
    QSqlQueryModel *model=new QSqlQueryModel();
    model->setQuery("select *from user");                 // 重新查找用户信息
    model->setHeaderData(0,Qt::Horizontal,"用户名");// 设置第一个属性参数的别名
    model->setHeaderData(1,Qt::Horizontal,"密码");  // 设置第二个属性参数的别名
    ui->tableView->setModel(model);
}
```

步骤 8：修改主函数

修改主函数 main.cpp() 的初始代码，使其能够对界面进行编码，具体代码如下：

```
#include <QtGui/QApplication>
#include "login.h"
```

```
int main(int argc, char *argv[])
{
    QApplication a(argc, argv);
    //设置界面中字符的编码格式，防止出现乱码
    QTextCodec::setCodecForCStrings(QTextCodec::codecForName("utf-8"));
    QTextCodec::setCodecForLocale(QTextCodec::codecForName("utf-8"));
    QTextCodec::setCodecForTr(QTextCodec::codecForName("utf-8"));
    Login w;                          // 新建登录界面
    w.show();
    return a.exec();
}
```

步骤 9：编译运行

将库文件 lib-SmartHomeGateway-X86.so 复制到项目构建目录中，随后单击 Qt Creator 中的"运行"按钮，其运行界面效果如图 2.59 ~ 图 2.63 所示。

图2.59　登录界面效果

图2.60　注册界面效果

图2.61　查看账户界面效果　　　　　　　图2.62　管理账户界面效果

图2.63　主界面效果

实训

在完成上述界面设计和代码操作后，应在注册模块类 Register 中加入一个标准对话框，当用户注册时，如果数据库中已经存在该用户名，提示用户更换用户名并重新注册，其界面如图 2.64 所示。

图2.64　用户名已存在提示框

练习

（1）请问 SQLite 数据库是用什么语言编写的？

（2）请问 SQLite 中查询语句的格式是什么？

（3）请问在 Qt 开发中 QGridLayout 类的作用是什么？

（4）请问 Qt 项目可以是中文名称吗？

（5）以下关于 Qt 描述不正确的是（　　）。

　　A. 是基于面向对象的 C++ 语言

　　B. 提供了 signal 和 slot 的对象通信机制

　　C. 有可查询和可设计属性

　　D. 没有字符国际化

（6）关于布局功能的叙述，以下正确的是（　　）。

　　A. 在布局空间中布置子窗口部件

　　B. 设置子窗口部件间的空隙

　　C. 管理在布局空间中布置子窗口部件

　　D. 以上都对

项目3
环境监测

 项目目标

通过本项目的学习，学生可以掌握以下技能：
① 能够完成功能界面的合理布局；
② 能够理解并灵活使用信号槽及 QComboBox 控件；
③ 能够利用代码实现环境数据的实时监测功能；
④ 能够通过调试解决代码的错误提示并保证正常编译运行。

 项目描述

环境监测作为智能家居应用的重要基础功能，主要用于获取各传感器采集的实时数据，并通过预处理将其展示在应用界面中。其中，传感器类别主要包括温度传感器、湿度传感器、光照传感器和 CO_2 传感器等，这些传感器协调工作，将自然界中的各类非电信号转化成电信号，让用户能够全面直观地了解其周围的生活环境。

 相关知识

1. 信号和槽

信号槽是一种高级接口，应用于对象之间的通信，它是 Qt 的核心特性，也是 Qt 区别于其他工具包的重要方面。信号和槽是 Qt 自行定义的一种通信机制，它独立于标准的 C/C++ 语言，因此要正确地处理信号和槽，必须借助一个称为 moc（Meta Object Compiler）的 Qt 工具，该工具是一个 C++ 预处理程序，它为高层次的事件处理自动生成所需要的附加代码。

在很多 GUI 工具包中，窗口小部件（widget）都有一个回调函数用于响应它们能触发的每个动作，这个回调函数通常是一个指向某个函数的指针。但是，在 Qt 中信号和槽取代了这些凌乱的函数指针，使得通信程序更为简洁明了。同时，信号和槽能携带任意数量和任意类型的参数，它们都是类型完全安全的。

所有从 QObject 或其子类（例如 Qwidget）派生的类都能够包含信号和槽。当对象改变其状态时，信号由该对象发射出去，它不知道另一端是谁在接收这个信号，以此实现真正的信息封装，同时它也确保了对象被当作一个真正的软件组件来使用。槽用于接收信号，但它们是普通的对象成员函数，一个槽并不知道是否有任何信号与自己相连接。此外，对象并不了解具体的通信机制。

Qt 支持很多信号与单个的槽进行连接，也可以将单个的信号与很多的槽进行连接，甚至于将一个信号与另外一个信号相连接也是有可能的，这时无论第一个信号什么时候发射，系统都将立刻发射第二个信号。信号和槽构造了一个强大的部件编程机制。

（1）信号。在 Qt 中使用信号时有以下几点注意事项：

① 声明一个信号需要使用 signals 关键字做标识符，同时在 signals 关键字前面不允许出现 public、private 和 protected 等限定符。

② 信号只是用作声明，因此在代码中不需要对其进行定义和实现。

③ 信号没有返回值，只能是 void 类型。

④ 使用信号槽时必须在类声明的最开始处添加 Q_OBJECT 宏。

⑤ 信号由 moc 自动产生，它们不应该在 .cpp 文件中实现。

例如，下面定义了三个信号：

```
signals:
void mySignal();
void mySignal(int x);
void mySignalParam(int x,int y);
```

在上面的定义中，signals 是 Qt 的关键字，而非 C/C++ 的。void mySignal() 定义了信号 mySignal，这个信号没有携带参数；void mySignal(int x) 定义了重名信号 mySignal，但是它携带一个整型参数，这有点类似于 C++ 中的虚函数；第四行信号与第三行大体一致，只是参数变为了两个。因此，从形式上讲信号的声明与普通的 C++ 函数是一样的，但是信号却没有函数体定义。

（2）槽。槽是普通的 C++ 成员函数，可以被正常调用，其唯一的特殊性就是很多信号可以与其相关联。当与其关联的信号被发射时，这个槽就会被调用。槽可以有参数，但槽的参数不能有默认值。

既然槽是普通的成员函数，因此与其他函数一样，它们也有存取权限。槽的存取权限决定了谁能够与其相关联。同普通的 C++ 成员函数一样，槽函数也分为三种类型，即 public slots、private slots 和 protected slots：

① public slots：在这个区内声明的槽意味着任何对象都可将信号与之相连接。这对于组件编程非常有用，开发者可以根据需要创建彼此互不了解的对象，将它们的信号与槽进行连接以便信息能够正确的传递。

② protected slots：在这个区内声明的槽意味着当前类及其子类可以将信号与之相连接。这适用属于类实现的一部分，但是其界面接口却面向外部的槽。

③ private slots：在这个区内声明的槽意味着只有类自己可以将信号与之相连接。这适用于联系非常紧密的类。

槽也能够声明为虚函数，这也是非常有用的。

槽的声明也是在头文件中进行的。例如，下面声明了三个槽：

```
public slots:
void mySlot();
void mySlot(int x);
void mySignalParam(int x,int y);
```

（3）信号与槽的连接

所有从 QObject 或其子类（例如 Qwidget）派生的类都能够包含信号和槽。信号与槽的连接是通过 QObject 的 connect() 成员函数来实现的。其代码使用如下：

```
connect(sender, SIGNAL(signal), receiver, SLOT(slot));
```

其中，sender 与 receiver 是指向对象的指针，SIGNAL() 与 SLOT() 是转换信号与槽的宏。

2. QComboBox

QComboBox 是 QT GUI 中的下拉列表框，它用于显示特定字段的可能值列表，当单击该控件时会显示与该字段关联的值列表，用户可选择其中的一个值。QComboBox 类具有如表 3.1 所示的常用方法和属性。

表3.1 QComboBox类常用方法和属性

函　　数	说　　明
void addItems (const QStringList & texts)	在QComboBox的最后添加一项，其中texts参数便是添加的内容
int count () const	返回列表项总数
int currentIndex () const	当前显示的列表项序号
QString currentText () const	返回当前显示的文本
void insertItems (int index, const QStringList & list)	插入一项或多项内容至序号index处
void insertSeparator (int index)	在序号为index的项前插入分隔线
void setItemText (int index, const QString & text)	改变序号为index项的文本

QComboBox 控件效果如图 3.1 所示。

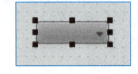

图3.1　QComboBox控件效果

 方案设计

为了保证人们生活环境的健康和安全，项目中要监测环境信息，在项目中合理设计环境监测界面，利用库文件实现串口数据的获取，并利用代码解析数据，实时显示在项目中设计的界面位置。连接设备，验证并调试代码功能。

 项目实施

步骤1：添加 C++ 类文件

在项目 2 的工程项目基础上添加 SerialThread 类，其步骤如下：

（1）右击 SmartHome 项目，在弹出的快捷菜单中选择"添加新文件"命令，如图 3.2 所示。

（2）弹出"新建文件"对话框，选择"C++ 类"选项，随后单击"选择"按钮，如图 3.3 所示。

 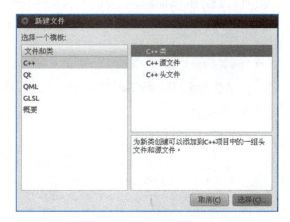

图3.2　C++类文件添加步骤1　　　　　　　图3.3　C++类文件添加步骤2

（3）在弹出的输入类名界面中的"类名"文本框中输入 SerialThread，在"基类"文本中输入 QThread，其界面如图 3.4 所示，完成后单击"下一步"按钮。

（4）在弹出的项目管理界面单击"完成"按钮，至此 C++ 类的添加便已完成，如图 3.5 所示。

图3.4　C++类文件添加步骤3　　　　　　　图3.5　C++类文件添加步骤4

（5）修改 serialthread.h 头文件，在其首部引入其他功能的头文件，以此实现功能模块之间的交互。在代码 #include <QThread> 下一行写入如下代码：

```
#include "posix_qextserialport.h"        //导入串口支持类头文件
```

（6）在以上代码的下一行声明 zhi[3] 和 ttys 两个全局变量，其代码和注释如下所示：

```
extern int zhi[3];                //用数组存储界面上 QComboBox 选择的参数
extern QString ttys;              //用于存储与服务端进行数据交换的端口号
```

（7）在 class SerialThread : public QThread() 函数的 public 中声明 Posix_QextSerialPort 类实例化的变量，同时在 signals: 中编写信号函数，其详细代码如下所示：

```
public:
    explicit SerialThread();
    Posix_QextSerialPort *m;              //实例化串口类
    void run();
signals:
    void serialFinished(QByteArray str);  //信号函数，str用于串口返回来的数据
```

(8) 打开源文件 serialthread.cpp，对头文件 serialthread.h 中声明的 zhi[3] 和 ttys 两个全局变量进行初始化，其位置处于 #include "serialthread.h" 下一行，具体代码如下：

```
int zhi[3]={0,0,0};
QString ttys="";
```

(9) 在函数 SerialThread::SerialThread() 中输入功能代码，其主要用于实现串口数据交换的配置，具体代码如下：

```
struct PortSettings tty;
// 实例化串口，并对其进行配置
m=new Posix_QextSerialPort("/dev/"+ttys,tty,QextSerialBase::Polling);
// 定义串口对象，指定串口名和查询模式
m->open(QIODevice::ReadWrite);              // 设置串口读写
m->setBaudRate(BaudRateType(zhi[0]));       // 设置波特率
m->setDataBits(DataBitsType(zhi[2]));       // 设置数据位
m->setFlowControl(FLOW_OFF);                // 数据流控制设置
m->setParity(ParityType(zhi[1]));           // 设置校验位
m->setStopBits(STOP_1);                     // 设置停止位
m->setTimeout(70);                          // 延时设置
```

(10) 在程序尾部插入头文件 serialthread.h 中 run() 函数的具体功能实现，代码如下：

```
void SerialThread::run()
{
    while(1)
    {
        // 对比 40ms 前后收到的两段数据，若一致则读取数据
        int len=m->bytesAvailable();        // 把接收到的包赋值
        msleep(40);                          // 延迟 40ms
        if(len==m->bytesAvailable())         // 判断接收到的包是否一致
        {
            QByteArray t=m->readAll();       // 读取串口缓冲区的所有数据给临时变量t
            emit this->serialFinished(t);    // 把 serialFinished 信号发射出去
        }
    }
}
```

步骤 2：修改界面布局

对项目 2 中的界面文件 smart.ui 进行设计，使用 Tab Widget 控件将其分成四个功能模块，分别是环境监测、家电控制、自动控制和数据可视，本部分界面中主要需要注意 Tab Widget 和 Combo Box 两个控件。其中 Tab Widge 控件的详细使用方法如下：

(1) 选择找到界面文件，在本项目中以 smart.ui 为例，如图 3.6 所示。双击 smart.ui 文件，进入图形化界面设计窗体，在窗体左侧的 Containers 栏找到 TabWidget 图标，如图 3.7 所示。TabWidget 就是 Qt 开发中用于页面切换的控件。

(2) 选中 TabWidget 图标，将它拖动至界面中，在界面中添加了一个页面切换控件，如图 3.8 所示。此时可以将 TabWidget 中的文本修改成符合项目需求的文本，此处以 "环境监测" 为例。单击刚刚拖出来的 TabWidget 中需要修改文本的某一项，在右侧的属性栏中找到 currentTabText 属性，在其中输入文本 "环境监测"，如图 3.9 所示。

图3.6　界面文件

图3.7　TabWidget控件设置1

图3.8　TabWidget控件设置2

图3.9　TabWidget控件设置3

（3）为了在项目开发过程中避免控件太多导致的混淆，需要修改控件的名称，在右上角的控件列表中找到这个 TabWidget，修改它的名称，此处以 SmartHome 为例，如图 3.10 所示。如果为了修改其中某一页面的控件名称，只需按照上述方法将 TabWidget 下面的该页面的名称修改即可，此处以第一个"环境监测"界面为例，将其名称修改为 Environment，修改后的界面如图 3.11 所示。

图3.10　TabWidget控件设置4

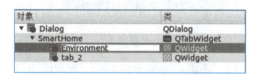

图3.11　TabWidget控件设置5

（4）如果要在当前页面的基础上继续增加页面，则只需右击最后一个页面，随后选择"插入页"→"在当前页之后"命令，如图 3.12 所示。插入页面的结果如图 3.13 所示，后续具体操作只需重复上述步骤即可。

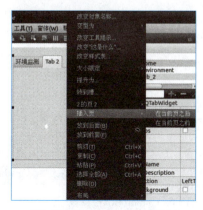

图3.12　TabWidget控件设置6

图3.13　TabWidget控件设置7

到此，完成 TabWidget 控件的基础使用部分。

对于 Combo Box 控件的使用方法如下：

（1）选择找到界面文件，在本项目中以 smart.ui 为例，如图 3.14 所示。

双击 smart.ui 文件，进入图形化界面设计窗体，在窗体左侧的 Input Widgets 栏找到 Combo Box 图标，如图 3.15 所示。Combo Box 就是 Qt 开发中的组合框，这个控件是由一个文本输入控件和一个下拉菜单组成的，可以节省空间。

图3.14　界面文件

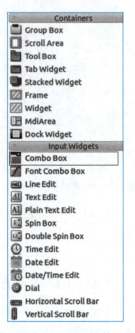

图3.15　ComboBox控件设置1

（2）选中 Combo Box 图标，将它拖动至界面中，在界面中添加一个组合框，如图 3.16 所示。

此时可以在 Combo Box 中添加符合项目需求的文本，此处以"光照"为例。双击刚刚拖出来的 Combo Box 控件，在弹出的"编辑组合框"对话框中单击加号按钮，新建项目，如图 3.17 所示。

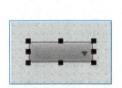

图3.16　Combo Box控件设置2

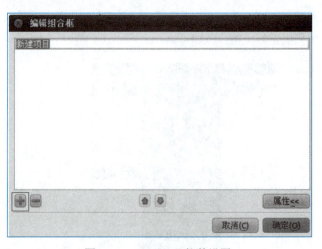

图3.17　Combo Box控件设置3

(3）在新建项目的文本框中输入"光照"，随后按照此方法依次添加所需项目，最后单击"确定"按钮完成组合框选项设置，如图3.18所示。

图3.18　Combo Box控件设置4

(4）为了在项目开发过程中避免控件太多导致的混淆，需要修改控件的名称，在右上角的控件列表中找到这个Combo Box，修改它的名称，此处以comboBox为例，如图3.19所示。

至此，完成Combo Box控件的基础使用部分。

在熟悉以上控件使用方法后，对主界面文件smart.ui进行重新设计，其界面布局效果图如图3.20所示。

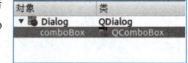

图3.19　Combo Box控件设置5

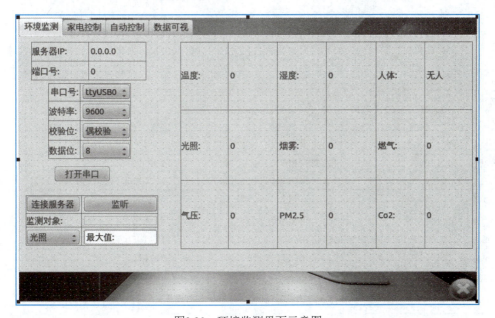

图3.20　环境监测界面示意图

其中控件的详细信息如表3.2所示。

表3.2 主界面控件信息

控件ID	控件类别	控件内容
label	QLabel	服务器IP:
label_2	QLabel	端口号:
label_3	QLabel	串口号:
label_4	QLabel	波特率:
label_5	QLabel	校验位:
label_6	QLabel	数据位:
label_7	QLabel	监测对象:
label_8	QLabel	温度:
label_9	QLabel	湿度:
label_10	QLabel	人体
label_11	QLabel	光照
label_12	QLabel	烟雾:
label_13	QLabel	燃气:
label_14	QLabel	气压:
label_15	QLabel	PM2.5
label_16	QLabel	CO2:
lbServerIP	QLabel	0.0.0.0
lbPort	QLabel	0
lbTemp	QLabel	0
lbHumidity	QLabel	0
lbRT	QLabel	无人
lbIll	QLabel	0
lbSmoke	QLabel	0
lbGas	QLabel	0
lbAir	QLabel	0
lbPM25	QLabel	0
lbCo2	QLabel	0
cbPort	QComboBox	ttyUSB0
cbBaud	QComboBox	9600
cbFlow	QComboBox	偶校验
cbData	QComboBox	8
cbQJ	QComboBox	光照
btnLink	QPushButton	打开串口
btnLinkServer	QPushButton	连接服务器
btnListen	QPushButton	监听
btnClose	QPushButton	
leMax	QLineEdit	最大值

步骤3：修改环境监测功能头文件和源文件

环境监测功能主要用于实时读取传感器采集的环境参数，并利用数值的形式展示给用户，使其对周围环境有一个量化的了解。该模块功能主要由头文件 smart.h 和源文件 smart.cpp 实现。其中 smart.h 的具体编写步骤如下：

（1）打开头文件 smart.h，其初始代码如下：

```
#ifndef SMART_H
#define SMART_H

#include <QDialog>

namespace Ui {
    class Smart;
}

class Smart : public QDialog
{
    Q_OBJECT

public:
    explicit Smart(QWidget *parent = 0);
    ~Smart();

private:
    Ui::Smart *ui;
};

#endif // SMART_H
```

（2）修改 smart.h 头文件，在其首部引入其他功能的头文件，以此实现功能模块之间的交互。在代码 #include <QDialog> 下一行写入如下代码：

```
#include "login.h"              // 导入登录功能头文件
#include "command.h"            // 导入参数命令头文件
#include "configure.h"          // 导入配置功能头文件
#include "log.h"                // 导入日志功能头文件
#include "sql.h"                // 导入数据库功能头文件
#include "tcpclientthread.h"    // 导入环境参数传递至服务器操作的客户端线程类头文件
#include "tcpserver.h"          // 导入网络服务端类头文件
```

（3）随后在以上代码的下一行声明各环境参数的全局变量，其代码如下所示：

```
extern QString Illumination_Value;            // 光照度
extern QString Temp_Value;                    // 温度值
extern QString Humidity_Value;                // 湿度值
extern QString CO2_Value;                     //CO₂
extern QString AirPressure_Value;             // 气压
extern QString Smoke_Value;                   // 烟雾
extern QString Gas_Value;                     // 燃气
extern QString PM25_Value;                    //PM2.5
extern volatile unsigned int StateHumanInfrared;    // 人体红外,1:有人。0:无人
extern volatile unsigned int configboardnumberAir;
extern volatile unsigned int configboardnumberCo2;
extern volatile unsigned int configboardnumberCurtain;
extern volatile unsigned int configboardnumberFan;
```

```
extern volatile unsigned int configboardnumberGasSensor;
extern volatile unsigned int configboardnumberHumanInfrared;
extern volatile unsigned int configboardnumberHumidity;
extern volatile unsigned int configboardnumberIllumination;
extern volatile unsigned int configboardnumberInfrared;
extern volatile unsigned int configboardnumberLamp;
extern volatile unsigned int configboardnumberPM25;
extern volatile unsigned int configboardnumberRFID;
extern volatile unsigned int configboardnumberSmoke;
extern volatile unsigned int configboardnumberWarningLight;
extern volatile unsigned int configboardnumbertemp;
```

（4）在 class Smart : public QDialog() 函数的 public 中声明变量，同时在 private slots 中对各个事件函数进行声明，其详细代码如下所示：

```
public:
    explicit Smart(QWidget *parent = 0);
    ~Smart();
    Configure confg;
    command datas;                          // 串口
    TcpClientThread *Mytcp;                 // 客户端
    TcpServer Server;                       // 服务器
    SQL sql;
    Log log;
    QTimer *ReadTimer;                      // 定时器
    int ReadDataNum;
    float SmokeMax,IllMax;                  // 烟雾和光照最大值

 private slots:
    void on_btnClose_clicked();             // 关闭按钮事件

    void closeEvent(QCloseEvent *);         // 关闭服务器

    void ReadData();                        // 数据更新

    void hq(QByteArray str);                // 接收数据并判断、更新

    void on_btnLinkServer_clicked();        // 连接服务器按钮事件

    void on_btnListen_clicked();            // 监听按钮事件

    void on_btnLink_clicked();              // 连接按钮事件

    void configure(QString UserName,QString Passwd,QString IP,QString Mask,
QString Getway,QString Mac,QString ServerIp);  // 更新数据库
```

以上便是头文件 smart.h 的全部操作。登录功能源文件 smart.cpp 的具体操作如下：

（1）打开源文件 smart.cpp，其初始代码如下：

```
#include "smart.h"
#include "ui_smart.h"

Smart::Smart(QWidget *parent) :
```

```
QDialog(parent),
ui(new Ui::Smart)
{
    ui->setupUi(this);
}

Smart::~Smart()
{
    delete ui;
}
```

（2）在函数 Smart::Smart(QWidget *parent) 中输入功能代码，其主要用于实现传感器信息配置和客户端实例化，具体代码如下：

```
setWindowFlags(Qt::FramelessWindowHint);// 去除界面标题栏
// 传感器接口配置
configboardnumberAir=3;
configboardnumberCo2=13;
configboardnumberCurtain=10;
configboardnumberFan=12;
configboardnumberGasSensor=7;
configboardnumberHumanInfrared=2;
configboardnumberHumidity=4;
configboardnumberIllumination=5;
configboardnumberInfrared=1;
configboardnumberLamp=11;
configboardnumberPM25=8;
configboardnumberRFID=14;
configboardnumberSmoke=6;
configboardnumberWarningLight=9;
configboardnumbertemp=4;
Mytcp=new TcpClientThread();        // 实例化客户端
datas.SerialOpen();                 // 打开串口
connect(&datas,SIGNAL(serialFinish(QByteArray)),this,SLOT(hq(QByteArray)));
// 信号和槽的链接，格式，信号处理对象，信号区域槽函数（执行的动作）
ReadTimer=new QTimer(this);         // 计时器实例化 要分配地址，必须是指针
connect(ReadTimer,SIGNAL(timeout()),this,SLOT(ReadData()));
ReadTimer->start(3000);             //3 秒读一次，保证能正确接收到各个板子的信息
connect(&Server,SIGNAL(bytesArrived(QString,QString,QString,QString,QString,QString,QString)),this,SLOT(configure(QString,QString,QString,QString,QString,QString,QString)));                      // 将接收到的配置网关的信号关联到槽
ui->lbServerIP->setText(ServerIP);
ui->lbPort->setText(exPort);
ui->SmartHome->setStyleSheet("QTabWidget:pane {border-top:0px solid #e8f3f9; background: transparent; }");         // 设置 QTabWidget 背景透明
```

（3）在程序尾部插入按钮事件实现函数，这些函数均与头文件 smart.h 中 private slots 里声明的函数一一对应，其中，on_btnClose_clicked() 函数用于关闭客户端线程和退出界面；ReadData() 函数通过遍历以读取节点板数据；hq(QByteArray str) 函数用于对接收的包数据进行解析和采集；configure() 函数用于将信息写入数据库，查看 IP 是否配置成功；on_btnLinkServer_clicked() 函

数用于启动客户端线程并连接服务器；on_btnListen_clicked() 函数用于监听端口；on_btnLink_clicked() 用于管理串口的开启和关闭。具体代码如下：

```
/*
 * 函数名称:on_btnClose_clicked()
 * 函数功能:关闭程序
 * 返回值:空
 */
void Smart::on_btnClose_clicked()
{
    Server.close();
    Mytcp->exit();
    this->close();
}
/*
 * 函数名称:ReadData()
 * 函数功能:读取节点板数据
 * 返回值:空
 */
void Smart::ReadData()
{
    ReadDataNum++;
    if(ReadDataNum<=28)
    {
        datas.ReadNodeData(ReadDataNum);
    }
    else
    {
        ReadTimer->stop();
    }
}

/*
 * 函数名称:hq(QByteArray str)
 * 函数功能:信息采集
 * 返回值:空
 */
void Smart::hq(QByteArray str)
{
    if(str.length()>=5 && str.length()<=300)         // 对比包长度
    {
        if(str[0]!=0 && str[1]!=0)                   // 判断协议是否正确
        {
            datas.ReceiveHandle(str);                // 包解析
            // 将读取的数据显示在界面上
            ui->lbAir->setText(AirPressure_Value);
            ui->lbCo2->setText(CO2_Value);
            ui->lbGas->setText(Gas_Value);
            ui->lbHumidity->setText(Humidity_Value);
            ui->lbIll->setText(Illumination_Value);
```

```cpp
            ui->lbPM25->setText(PM25_Value);
            ui->lbRT->setText(StateHumanInfrared?" 有人 ":" 无人 ");
            ui->lbSmoke->setText(Smoke_Value);
            ui->lbTemp->setText(Temp_Value);
            if(IllMax<Illumination_Value.toFloat())
            {
                IllMax=Illumination_Value.toFloat();
            }
            if(SmokeMax<Smoke_Value.toFloat())
            {
                SmokeMax=Smoke_Value.toFloat();
            }
            switch(ui->cbQJ->currentIndex())
                            // 监测光照数据和烟雾数据的最大值并显示在界面上
            {
            case 0:
                ui->leMax->setText(" 最大值 :"+QString::number(IllMax));
                break;
            case 1:
                ui->leMax->setText(" 最大值 :"+QString::number(SmokeMax));
                break;
            }
        }
    }
}
/*
 * 函数名称 :closeEvent(QCloseEvent *)
 * 函数功能 :closeEvent 重载
 * 返回值 : 空
 */
void Smart::closeEvent(QCloseEvent *)      // 关闭服务器，自带关闭事件
{
    Server.close();
    Mytcp->exit();
}
/*

/*
 * 函数名称 :configure(QString UserName, QString Passwd, QString IP, QString Mask, QString Getway, QString Mac, QString ServerIp)
 * 函数功能 : 写入数据库，查看 IP 是否配置成功
 * 返回值 : 空
 */
void Smart::configure(QString UserName, QString Passwd, QString IP, QString Mask, QString Getway, QString Mac, QString ServerIp)
{
    if(sql.SqlQueryCount()==1)
    {
        if(!sql.SqlAddRecord(UserName,Passwd,IP,Mask,Getway,Mac,ServerIp))
```

```cpp
                                            // 数据库增加记录
            log.WriteLog("Add Record failure");
        }
        else if(sql.SqlQueryCount()==2)     // 否则更新数据库
        {
            if(!sql.SqlUpdateRecord(UserName,Passwd,IP,Mask,Getway,Mac,ServerIp))
                log.WriteLog("Update Record failure");
        }
        if(!confg.ConfigureIP())                            // 配置网关 IP
        {
            log.WriteLog("Configure IP failure");
        }
        else
            QProcess::execute(QString("reboot"));           // 实现重启
}

/*
 * 函数名称:on_btnLinkServer_clicked()
 * 函数功能:连接服务器
 * 返回值:空
 */
void Smart::on_btnLinkServer_clicked()
{
    Mytcp->start();
    ui->btnLinkServer->setText(" 已连接服务器 ");
}
/*
 * 函数名称:on_btnListen_clicked()
 * 函数功能:端口监听
 * 返回值:空
 */
void Smart::on_btnListen_clicked()
{
    if(!Server.listen(QHostAddress::Any,exPort.toFloat()))
    {
        qDebug()<<Server.errorString();
        this->close();
    }
    ui->btnListen->setText(" 已监听 ");
}

/*
 * 函数名称:on_btnLink_clicked()
 * 函数功能:串口开启或关闭
 * 返回值:空
 */
void Smart::on_btnLink_clicked()
{
     ui->btnLink->text()==" 打开串口 "?ui->btnLink->setText(" 关闭串口 "):ui->btnLink->setText(" 打开串口 ");
```

```cpp
        if(ui->btnLink->text()==" 打开串口 ")
        {
            disconnect(&datas,SIGNAL(serialFinish(QByteArray)),this,SLOT(hq(QByteArray)));
        }
        else
        {
            ttys=ui->cbPort->currentText();
            switch(ui->cbBaud->currentIndex())
            {
                case 0:
                    zhi[0]=12;
                    break;
                case 1:
                    zhi[0]=15;
                    break;
                case 2:
                    zhi[0]=19;
                    break;
            }
            switch(ui->cbFlow->currentIndex())
            {
                case 0:
                    zhi[1]=2;
                    break;
                case 1:
                    zhi[1]=0;
                    break;
            }
            switch(ui->cbData->currentIndex())
            {
                case 0:
                    zhi[2]=3;
                    break;
                case 1:
                    zhi[2]=2;
                    break;
                case 2:
                    zhi[2]=1;
                    break;
            }
            datas.SerialOpen();
            connect(&datas,SIGNAL(serialFinish(QByteArray)),this,SLOT(hq(QByteArray)));
        }
    }
```

步骤 4：编译运行

将库文件 lib-SmartHomeGateway-X86.so 复制到项目构建目录中，随后单击 Qt Creator 中的"运行"按钮即可，其运行效果如图 3.21 所示。

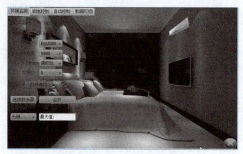

图3.21 环境监测界面

实训

对原有程序中数据最大值监测功能进行改进，使其不仅能够监测光照数据和烟雾数据的最大值，还能够监测温度数据的最大值，并将该值显示在界面上的对应区域，其界面如3.22所示。如果读者感兴趣，还可以尝试编写 CO_2、燃气和气压等参数的最大值监测功能。

图3.22 环境监测实训界面

练习

（1）请问信号和槽是什么？

（2）请问声明一个信号需要使用哪个关键字做标识符？

（3）所有的 C++ 类都能够包含信号和槽吗？

（4）请问信号与槽的连接通过 QObject 的哪个成员函数来实现？

（5）Qt 内部对字符集的处理采用以下（　　）标准。

　　A. UNICODE

　　B. ASCII

　　C. GB2312

　　D. ISO 8859-1

（6）以下（　　）不是 Qt 增加的特性。

　　A. 有效的对象通信 signal 和 slot

　　B. 可查询和可设计的对象

　　C. 事件及事件过滤器

　　D. 不使用指针

项目 4

家电控制

项目目标

通过本项目的学习,学生可以掌握以下技能:
① 能够完成功能界面的合理布局;
② 能够利用 QLabel 控件实现家电状态图片的切换;
③ 能够利用代码实现家电状态的远程控制;
④ 能够通过调试解决代码的错误,并保证正常编译运行。

项目描述

家电控制模块可以通过协调器将用户的操作命令传输到各传感器中,改变诸如电灯、窗帘、电视、空调和 DVD 等家电的工作状态,并同时更新该家电在应用界面上的显示模式,使用户能够获取家中电器的实时工作情况。

相关知识

定时器

QTimer 类定时器是 QObject 类定时器的扩展版或者说升级版,因为它可以提供更多的功能。比如说,它支持单次触发和多次触发。

使用 QTimer 类定时器的步骤:
(1)创建一个 QTimer 定时器实例:QTimer *timer = new QTimer(this)。
(2)连接超时信号与槽:connect(timer, SIGNAL(timeout()), this, SLOT(testFunc()))。
(3)启动定时器 start()。
(4)适时关闭定时器:stop()。
(5)删除定时器实例:delete timer。

QTimer 类定时器公共函数如表 4.1 所示。

表4.1 QTimer类定时器公共函数

函 数	说 明
int interval() const	获得定时器时间间隔
bool isActive() const	获得定时器激活状态
bool isSingleShot() const	获得单次触发使能状态
int remainingTime() const	获得距离触发定时器事件的剩余时间
void setInterval(int msec)	设置定时器时间间隔
void setSingleShot(bool singleShot)	设置使能/禁用单次触发
void setTimerType(Qt::TimerType atype)	设置定时器类型
int timerId() const	获得定时器标识符
Qt::TimerType timerType() const	获得定时器类型

QTimer 类定时器公共槽函数如表 4.2 所示。

表4.2 QTimer类定时器公共槽函数

函 数	说 明
void start(int msec)	启动定时时间间隔为msec毫秒的定时器
void start()	启动定时器
void stop()	暂停定时器

QTimer 类定时器信号函数如表 4.3 所示。

表4.3 QTimer类定时器信号函数

函 数	说 明
void timeout()	超时

 方案设计

家电控制模块需实现界面和传感器中两者状态的同步更新，例如，当用户单击界面中的 LED 按钮之后，其背景图片由暗变亮的同时对应控制器件的状态也会发生变化。这种设计不仅实现了传感节点的远程控制，而且用户可以通过界面上的显示效果直观判断出对应控制器件的工作状态。

 项目实施

步骤 1：添加并修改功能函数

（1）在项目文件 Smart Home 中添加 Qt 设计师界面类 ControlLog，其主要用于实现日志记录的读取功能，界面布局如图 4.1 所示。

图4.1 日志读取界面布局

日志读取界面 controllog.ui 中控件的详细配置如表4.4所示。

表4.4 日志读取界面控件信息

控件ID	控件类别	控件内容
textEdit	QTextEdit	
btnClose	QPushButton	返回

（2）修改 controllog.h 头文件，在其首部引入其他功能的头文件，以此实现功能模块之间的交互。在代码 #include <QDialog> 下一行写入如下代码：

```
#include "QFile"              // 导入文件功能头文件
#include "smart.h"             // 导入主函数功能头文件
#include "QTextStream"         // 导入读写文本头文件
```

（3）在 class ControlLog : public QDialog() 函数的 private slots: 中编写按钮事件函数，其详细代码如下所示：

```
private slots:
    void on_btnClose_clicked();// 关闭按钮事件
```

（4）打开源文件 controllog.cpp，在函数 ControlLog::ControlLog(QWidget *parent) 中输入功能代码，其主要用于实现日志文本的路径和名称，具体代码如下：

```
this->setWindowTitle("读取日志");        // 设置标题栏名称
QFile file("file.txt");                  // 设置文件名称
file.open(QFile::ReadOnly);              // 以只读方式打开文件
QTextStream stream(&file);
QString line=stream.readAll();           // 读取文件中的所有内容
ui->textEdit->setText(line);             // 将内容显示在文本控件中
```

（5）在程序尾部插入头文件 controllog.h 中按钮事件函数的具体功能实现，代码如下：

```
/*
 * 函数名称：on_btnClose_clicked()
 * 函数功能：关闭日志界面
 * 返回值：空
 */
void ControlLog::on_btnClose_clicked()
{
    this->close();// 关闭该界面
}
```

（6）对主界面 smart.ui 进行修改，在其 TabWidget 控件中增加"家电控制"选项卡，其界面布局如图 4.2 所示，其中界面上各图片都是设置了 border-image 属性的 PushButton 控件，同时界面中的两个方框是隐藏了图片背景的 PushButton 控件，其分别代表了空调按钮和电视按钮。

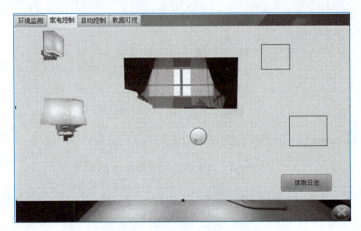

图4.2 家电控制选项卡布局

主界面 smart.ui 中家电控制选项卡控件的详细配置如表 4.5 所示。

表4.5 家电控制选项卡控件信息

控件ID	控件类别	控件内容
btnLED1	QPushButton	
btnLED2	QPushButton	
btnCurtain	QPushButton	
dial	QPushButton	
btnTv	QPushButton	
btnTTIO	QPushButton	
ckRiZhi	QPushButton	读取日志

步骤 2：修改头文件 smart.h

（1）在环境监测功能模块实现的基础上，修改项目 3 中主函数的头文件 smart.h，通过 class Smart : public QDialog 函数的 public: 末端添加参数声明，其具体代码如下：

```
public:
...
```

```
    enum MS{DANBU,LIJIA,YEJIAN,BAITIAN,ANFANG};
                                        //声明一个表示家电控制模式的枚举值
    int k_Curtain,z_Curatain,k_TTIO,z_TTIO,k_Fan,z_Fan,k_Lamp,z_Lamp,k_
Warning,z_Warning,Modes,k_Tv,z_Tv,k_mj,z_mj;   //声明各家电的工作状态值
    QTimer *ConTimer;                   //计时器
```

(2) 同时在该函数的 private slots: 中继续添加功能函数，使其能够实现各家电的控制功能，具体代码如下：

```
private slots:
...

void see();                             //日志监听函数
void Timer();                           //器件控制函数
void on_btnTv_clicked();                //电视控制函数
void on_btnTTIO_clicked();              //空调控制函数
void on_dial_actionTriggered(int action);  //DVD控制函数
void on_btnLED1_clicked();              //射灯1控制函数
void on_btnLED2_clicked();              //射灯2控制函数
void on_btnCurtain_clicked();           //窗帘控制函数
void AppendFile(QString a);             //写入日志函数
void updata(QString ChuanGan,unsigned int Command,unsigned int Kuai);
                                        //服务器数据获取函数
void on_ckRiZhi_clicked();              //新建日志界面函数
```

步骤 3：添加家电控制功能模块

(1) 对项目 3 环境监测模块源文件 smart.cpp 中的构造函数 Smart::Smart(QWidget *parent) 进行修改，在其尾部添加代码如下：

```
ui->lbLED1->hide();                     //隐藏射灯1
ui->lbLED2->hide();                     //隐藏射灯2
z_Curatain,k_Curtain,k_Tv,z_Tv,k_TTIO,z_TTIO,k_Fan,z_Fan,k_Lamp,z_Lamp, k_
Warning,z_Warning,k_mj,z_mj=0;          //对家电状态进行初始化
Modes=DANBU;                            //初始化控制模式
SmokeMax=0;                             //初始化烟雾最大值
IllMax=0;                               //初始化光照最大值
QTimer *LogTimer=new QTimer(this);      //声明日志计时器
connect(LogTimer,SIGNAL(timeout()),this,SLOT(see()));//定时写入日志
LogTimer->start(5000);
ConTimer=new QTimer(this);              //声明控制计时器
connect(ConTimer,SIGNAL(timeout()),this,SLOT(Timer()));
ConTimer->start(2000);
connect(&Server,SIGNAL(bytesArrived(QString,uint,uint)),this,SLOT(updata
(QString,uint,uint)));                  //利用信号槽获取服务器数据
```

(2) 构造函数修改完成后在源文件 smart.cpp 的尾部添加家电控制模块的功能函数。Timer() 函数主要用于器件控制和界面图标的显示，其中的 SerialWriteData() 函数能够根据输入的参数设置所控制传感器的板号及命令，其代码如下：

```
/*
 * 函数名称:Timer()
 * 函数功能:器件控制
 * 返回值:空
```

```cpp
    */
    void Smart::Timer()
    {
        if(k_Curtain!=z_Curatain)
        {
            datas.SerialWriteData(configboardnumberCurtain,Relay4,CommandNormal,0,k_Curtain);
            // 发送家电控制信息改变其状态，通过串口发送数据，五个参数分别代表发送数据的目
            // 的板号、传感器类型、命令类型、块地址（用于RFID模块）和将要发送的数据
            k_Curtain<=2?ui->lbCurtain->hide():ui->lbCurtain->show();
            z_Curatain=k_Curtain;
        }
        else if(k_Fan!=z_Fan)
        {
            datas.SerialWriteData(configboardnumberFan,Relay4,CommandNormal,0,k_Fan);
            z_Fan=k_Fan;
        }
        else if(k_Lamp!=z_Lamp)
        {
            datas.SerialWriteData(configboardnumberLamp,Relay4,CommandNormal,0,k_Lamp);
            if(k_Lamp==RelayP1)
            {
                ui->lbLED1->hide();
            }
            else if(k_Lamp==RelayP2)
            {
                ui->lbLED2->hide();
            }
            else if(k_Lamp==RelayP3)
            {
                ui->lbLED1->show();
            }
            else if(k_Lamp==RelayP4)
            {
                ui->lbLED2->show();
            }
            else if(k_Lamp==ALLON)
            {
                ui->lbLED1->show();
                ui->lbLED2->show();
            }
            else
            {
                ui->lbLED1->hide();
                ui->lbLED2->hide();
            }
            z_Lamp=k_Lamp;
        }
        else if(k_Warning!=z_Warning)
        {
            datas.SerialWriteData(configboardnumberWarningLight,Relay4,CommandNormal,
```

```
0,k_Warning);
            z_Warning=k_Warning;
        }
        else if(k_TTIO!=z_TTIO)
        {
            datas.SerialWriteData(1,InfraredRemoteControl,CommandInfraredLaunch,
0,0X02);
            z_TTIO=k_TTIO;
        }
        else if(k_Tv!=z_Tv)
        {
            datas.SerialWriteData(1,InfraredRemoteControl,CommandInfraredLaunch,
0,0X01);
            z_Tv=k_Tv;
        }
        else if(k_mj!=z_mj)
        {
            datas.SerialWriteData(configboardnumberRFID,RFID_DATA_15693,RFID_Open_
Door,0,k_mj);
            z_mj=k_mj;
        }

}
```

随后在上述函数之后增加日志写入函数 AppendFile()、客户端线程获取及日志写入函数 see()、日志界面新建函数 on_ckRiZhi_clicked()，其代码如下：

```
/*
 * 函数名称:AppendFile(QString a)
 * 函数功能：写入日志
 * 返回值：空
 */
void Smart::AppendFile(QString a)
{
    QFile file("file.txt");                   // 写入文件的名称
    file.open( QFile::Append);                // 以附加的形式写入数据
    QTextStream stream(&file);
    stream<<QDateTime::currentDateTime().toString("yyyy-MM-dd HH:mm:ss")
<<" "<<a<<"\n";                               // 写入数据的格式
}

/*
 * 函数名称:see()
 * 函数功能：获取线程，写入日志
 * 返回值：空
 */
void Smart::see()
{
    if(Mytcp->isRunning())
    {
        log.WriteLog("ThreadState:Running");
    }
    else
```

```cpp
        {
            Mytcp->start();
            log.WriteLog("ThreadState:closed");
        }
}

void Smart::on_ckRiZhi_clicked()
{
    ControlLog a;                              // 新建日志界面
    a.exec();
    ui->ckRiZhi->setChecked(0);
}
```

在上述函数的基础上继续添加按钮控制传感器的函数。这些函数写法相似，不同之处在于所调用的按钮和对象参数不同，其不仅能够控制传感器的工作状态，同时能够改变界面上对应按钮的图标。其代码如下：

```cpp
/*
 * 函数名称:on_btnLED1_clicked()
 * 函数功能：无模式单击 LED1 打开或关闭射灯 1
 * 返回值：空
 */
void Smart::on_btnLED1_clicked()
{
    Modes=DANBU;
    k_Lamp=ui->lbLED1->isHidden()?RelayP3:RelayP1;
                                    // 根据界面中图片的显示状态对该值进行赋值
    if(k_Lamp==RelayP3)
    {
        AppendFile("打开射灯 1");
        ui->lbLED2->hide();
    }
    else
    {
        AppendFile("关闭射灯 1");
    }
}
/*
 * 函数名称:on_btnLED2_clicked()
 * 函数功能：无模式单击 LED2 打开或关闭射灯 2
 * 返回值：空
 */
void Smart::on_btnLED2_clicked()
{
    Modes=DANBU;
    k_Lamp=ui->lbLED2->isHidden()?RelayP4:RelayP2;
    if(k_Lamp==RelayP4)
    {
        AppendFile("打开射灯 2");
        ui->lbLED1->hide();
    }
    else
```

```cpp
        {
            AppendFile("关闭射灯2");
        }
}
/*
 *函数名称:on_btnCurtain_clicked()
 *函数功能:无模式单击窗帘区域打开或关闭窗帘
 *返回值:空
 */
void Smart::on_btnCurtain_clicked()
{
    Modes=DANBU;
    k_Curtain=ui->lbCurtain->isHidden()?CurtainOff:CurtainOn;
    if(k_Curtain==CurtainOn)
    {
        AppendFile("打开窗帘");
    }
    else
    {
        AppendFile("关闭窗帘");
    }
}

/*
 *函数名称:on_btnTv_clicked()
 *函数功能:无模式单击电视打开或关闭电视
 *返回值:空
 */
void Smart::on_btnTv_clicked()
{
    Modes=DANBU;
    datas.SerialWriteData(configboardnumberInfrared,InfraredRemoteControl,CommandInfraredLaunch,0,0X01);
    static int i=0;
    if(i==0)
    {
        AppendFile("打开电视");
    }
    else
    {
        AppendFile("关闭电视");
        i=0;
    }
    i++;
}
/*
 *函数名称:on_btnTTIO_clicked()
 *函数功能:无模式点击空调打开或关闭空调
 *返回值:空
 */
void Smart::on_btnTTIO_clicked()
{
```

```
        Modes=DANBU;
        datas.SerialWriteData(configboardnumberInfrared,InfraredRemoteControl,CommandInfraredLaunch,0,0X02);
        static int i=0;
        if(i==0)
        {
            AppendFile(" 打开空调 ");
        }
        else
        {
            AppendFile(" 关闭空调 ");
            i=0;
        }
        i++;
    }
    /*
     * 函数名称:on_dial_actionTriggered(int action)
     * 函数功能:无模式单击按钮打开或关闭 DVD
     * 返回值:空
     */
    void Smart::on_dial_actionTriggered(int action)
    {
         Modes=DANBU;
         datas.SerialWriteData(configboardnumberInfrared,InfraredRemoteControl,CommandInfraredLaunch,0,0X03);
        static int i=0;
        if(i==0)
        {
            AppendFile(" 打开 DVD");
        }
        else
        {
            AppendFile(" 关闭 DVD");
            i=0;
        }
        i++;
    }

    /*
     * 函数名称:updata(QString ChuanGan, unsigned int Command, unsigned int Kuai)
     * 函数功能:获取服务器数据
     * 返回值:空
     */
    void Smart::updata(QString ChuanGan, unsigned int Command, unsigned int Kuai)
    {
        if(ChuanGan== "Fan")
        {
            if(Command==0)
                datas.SerialWriteData(configboardnumberFan,Relay4,CommandNormal,NoBlockAddress,ALLOFF);
            else
```

```
                    datas.SerialWriteData(configboardnumberFan,Relay4,CommandNormal,
NoBlockAddress,ALLON);
            }
            else if(ChuanGan=="Lamp")
            {

                if(Command==0)
                    datas.SerialWriteData(configboardnumberLamp,Relay4,CommandNormal,
NoBlockAddress,ALLOFF);
                else if(Command==1)
                    datas.SerialWriteData(configboardnumberLamp,Relay4,CommandNormal,
NoBlockAddress,ALLON);
                else if(Command==2)
                    datas.SerialWriteData(configboardnumberLamp,Relay4,CommandNormal,
NoBlockAddress,RelayP1);
                else if(Command==3)
                    datas.SerialWriteData(configboardnumberLamp,Relay4,CommandNormal,
NoBlockAddress,RelayP2);
                else if(Command==4)
                    datas.SerialWriteData(configboardnumberLamp,Relay4,CommandNormal,
NoBlockAddress,RelayP3);
                else if(Command==5)
                    datas.SerialWriteData(configboardnumberLamp,Relay4,CommandNormal,
NoBlockAddress,RelayP4);
            }
            else if(ChuanGan=="WarningLight")
            {

                if(Command==0)
                {
                    datas.SerialWriteData(configboardnumberWarningLight,Relay4,
CommandNormal,NoBlockAddress,ALLOFF);
                }
                else
                {
                    datas.SerialWriteData(configboardnumberWarningLight,Relay4,
CommandNormal,NoBlockAddress,ALLON);
                }
            }
            else if(ChuanGan=="Curtain")
            {

                if(Command==1)
                    datas.SerialWriteData(configboardnumberCurtain,Relay4,CommandNormal,
NoBlockAddress,CurtainOn);

                else if(Command==2)
                    datas.SerialWriteData(configboardnumberCurtain,Relay4,CommandNormal,
NoBlockAddress,CurtainStop);

                else
```

```
            datas.SerialWriteData(configboardnumberCurtain,Relay4,CommandNormal,
NoBlockAddress,CurtainOff);

        }

        else if(ChuanGan=="InfraredEmit")
        {
            datas.SerialWriteData(1,InfraredRemoteControl, CommandInfraredLaunch,
0,Command);
        }
        else if(ChuanGan=="RFID_Open_Door")
        {
            datas.SerialWriteData(14,RFID_DATA_15693,RFID_Open_Door,0,Command);
        }
    }
```

步骤 4：编译运行

将库文件 lib-SmartHomeGateway-X86.so 复制到项目构建目录中，随后单击 Qt Creator 中的"运行"按钮，其运行效果如图 4.3 和图 4.4 所示。

图4.3 家电控制运行界面

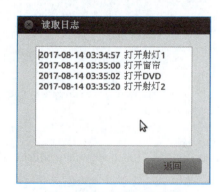

图4.4 读取日志运行界面

实训

在家电控制界面中添加一个按钮 AllControl,其主要用于对电灯、窗帘和 DVD 等家电工作状态进行统一控制。该控件函数中家电的初始状态为全部关闭,初始文字为"全部开启",单击该按钮后其显示文字变为"全部关闭",对应家电全部开始运行,且界面效果发生相应变化;再次单击该按钮,其显示文字变为"全部开启",对应家电全部停止运行,界面效果发生相应变化,其修改后的界面如图 4.5 所示。

图4.5 家电控制实训界面

练习

(1) 请问 QTimer 是什么类?

(2) 请问如何启动一个 QTimer?

(3) 请问 QTimer 支持多次触发吗?

(4) 请问如何关闭一个 QTimer?

(5) 以下关于信号/槽的叙述不正确的是(   )。

    A. 信号和槽通过 connected 函数任意相连

    B. 信号/槽机制在 QObject 类中实现

    C. 从 QWidget 类继承的所有类都可以使用信号和槽

    D. 信号与信号也可以通过 connected 函数相连

(6) 以下关于定时器的叙述不正确的是(   )。

    A. 多数平台支持 2 ms 精度的定时器

    B. 使用定时器,可以用 QTimer 类

    C. 使用定时器,可以用 QObject 类的定时器

    D. 定时器精度依赖于操作系统和硬件

项目5 自动控制

项目目标

通过本项目的学习,学生可以掌握以下技能:
① 能够理解并灵活使用编程语言逻辑,完成相应的联动功能设计;
② 能够通过调试解决代码的错误,并保证正常编译运行。

项目描述

自动控制模块可以监测传感器所采集的数据,并以此为根据自动调整各家电的运行状态,以实现多个传感器的联动控制。例如,白天时系统会根据室内的光照度参数自动调整窗帘的工作状态,使室内环境总是处于相对舒适的光线亮度;夜晚时系统则会自动关闭窗帘,以此保护用户隐私。

相关知识

强制类型转换

当操作数的类型不同,而且不属于基本数据类型时,经常需要将操作数转化为所需要的类型,这个过程即为强制类型转换。强制类型转换具有显式强制类型转换和隐式强制类型转换两种形式。Qt 中类型转换说明如表 5.1 所示。

表5.1 Qt中类型转换说明

转换形式	说明
QString->string	QString.toStdString()
string->QString	QString::fromStdString(string)

续表

转换形式	说明
QString->int,double,char*	QString::toInt() QString::toDouble() QString.toStdString().c_str()
int,double,char*->string	可以采用<sstream>里的stringstrem 以int为例， int a = 3; std::stringstream ss; str::string strInt; ss << a; ss >> strInt 其他两个一样
int,double,char*->QString	一种方法可以先转换string，再转换QString。 另一种方法查看QString类的静态函数QString::number()
char *与const char *	char *ch1="hello1" const char *ch2="hello2" ch2=ch1；不报错，但有警告 ch1=(char *)ch2
char与QString的互转	char a ='b' QString str; str = QString(a) QString str="abc"; char *ch; QByteArray ba = str.toLatin1(); ch = ba.data()
char与QByteArray的互转	char *ch; QByteArray byte; ch = byte.data(); char *ch; QByteArray byte; Byte = QByteArray(ch); 遇到0就截止 QByteArray byte = QByteArray::fromRawData(Buf, 5);可以包括0

QString与QByteArray的互转	QByteArray byte;
	QString string;
	byte = string.toAscii();
	QByteArray byte;
	QString string;
	string = QString(byte);

QString->int	QString str = "FF";
	bool ok;
	int hex = str.toInt(&ok, 16); // hex == 255, ok == true
	int dec = str.toInt(&ok, 10); // dec == 0, ok == false

方案设计

自动控制模块可以分为单步控制和联动控制两类，其中单步控制是指操作家电控制模块中的某一控件及项目 4 所述的家电控制功能；联动控制是通过预先设置好触发条件，当环境参数满足此条件时更改对应的一个或多个家电状态。本模块的详细设计如下：

（1）离家模式控制：关闭报警灯，关闭射灯。

（2）夜间模式控制：打开射灯，同时当温度高于 35 ℃打开风扇，否则关闭风扇。

（3）白天模式控制：关闭射灯，同时当光照度小于 80 lux 时打开窗帘，否则关闭窗帘。

（4）安防模式控制：开门，关闭射灯和风扇；当人体红外感应到人时，打开报警灯。

项目实施

步骤 1：修改界面文件

本项目界面中主要需要注意 Radio Button 控件，其详细使用方法如下所示：

（1）选择找到界面文件，在本项目中以 smart.ui 为例，如图 5.1 所示。

双击 smart.ui 文件，进入图形化界面设计窗体，在窗体左侧的 Buttons 栏找到 Radio Button 图标，如图 5.2 所示。Radio Button 是 Qt 开发中用于两个或多个互斥选项组成的选项集。

图5.1　界面文件

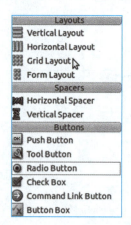

图5.2　Radio Button控件设置1

（2）选中 Radio Button 图标，将它拖动至界面中，在界面中添加一个单选按钮，如图 5.3 所示。

此时可以将 Radio Button 中的文本修改成符合项目需求的文本，此处以"白天模式"为例。修改文本的方法有两种。第一种方法是双击刚刚拖出来的 Radio Button 控件，将它自带的 RadioButton 文本修改为"白天模式"文本，如图 5.4 所示。

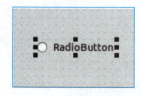

图5.3　Radio Button控件设置2

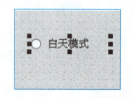

图5.4　Radio Button控件设置3

另一种方法则是选中刚刚拖出来的 Radio Button 后，在右侧的属性栏中找到 text 属性，在其中输入文本"白天模式"，如图 5.5 所示。

（3）为了在项目开发过程中避免控件太多导致的混淆，需要修改控件的名称，在右上角的控件列表中找到 Radio Button，修改它的名称，在此处就以 rbBaiTian 为例，如图 5.6 所示。

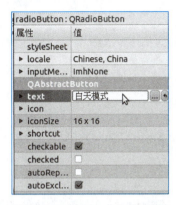

图5.5　Radio Button控件设置4

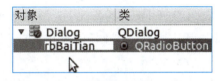

图5.6　Radio Button控件设置5

至此，完成 Radio Button 控件的基础使用部分。

修改主界面 smart.ui 的"自动控制"选项卡中的界面布局，其布局效果如图 5.7 所示。

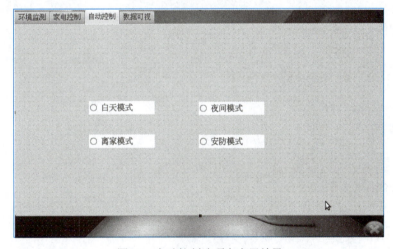

图5.7　自动控制选项卡布局效果

主界面 smart.ui 中自动控制选项卡控件的详细配置如表 5.2 所示。

表5.2　自动控制选项卡控件信息

控件 ID	控件类别	控件内容
rbBaiTian	QRadioButton	白天模式
rbYeJian	QRadioButton	夜间模式
rbLiJia	QRadioButton	离家模式
rbAnFang	QRadioButton	安防模式

步骤 2：修改 smart.h 头文件

在环境监测功能模块和家电控制功能模块实现的基础上，修改项目 4 中主函数的头文件 smart.h，通过 class Smart : public QDialog 函数的 private slots: 末端添加函数功能声明，其具体代码如下：

```
void on_rbLiJia_clicked();          // 离家模式单击事件函数
void on_rbYeJian_clicked();         // 夜间模式单击事件函数
void on_rbBaiTian_clicked();        // 白天模式单击事件函数
void on_rbAnFang_clicked();         // 安防模式单击事件函数
void moShiPanDuan();                // 用于判断单步控制和联动控制的函数
void chuShiHua();                   // 初始化传感器状态的函数
```

步骤 3：修改 smart.cpp 源文件

（1）在项目 4 源码的基础上对源文件 smart.cpp 中 void Smart::Timer() 函数进行修改，在其末端添加用于判断单步控制和联动控制的函数，其代码如下：

```
moShiPanDuan();
```

（2）修改完成后在源文件 smart.cpp 的尾部添加自动控制模块的功能函数，这部分代码主要由离家模式、夜间模式、白天模式和安防模式四部分组成。这些函数的编写方式一致，只是通过设置不同的模式值来改变其操作。其代码如下：

```
/*
 * 函数名称：on_rbLiJia_clicked()
 * 函数功能：赋值进入离家模式
 * 返回值：空
 */
void Smart::on_rbLiJia_clicked()
{
    chuShiHua();
    Modes=LIJIA;
}
/*
 * 函数名称：on_rbYeJian_clicked()
 * 函数功能：赋值进入夜间模式
 * 返回值：空
 */
void Smart::on_rbYeJian_clicked()
{
    chuShiHua();
    Modes=YEJIAN;
}
/*
 * 函数名称：on_rbBaiTian_clicked()
 * 函数功能：赋值进入白天模式
 * 返回值：空
 */
void Smart::on_rbBaiTian_clicked()
{
    chuShiHua();
    Modes=BAITIAN;
}
```

```
/*
 * 函数名称 :on_rbAnFang_clicked()
 * 函数功能：赋值进入安防模式
 * 返回值：空
 */
void Smart::on_rbAnFang_clicked()
{
    chuShiHua();
    Modes=ANFANG;
}
```

（3）函数 moShiPanDuan() 是本模块的核心函数，该函数通过 switch 来判断不同参数应该采取的不同措施，以此实现针对不同使用场景的各类自动模式，其代码如下：

```
/*
 * 函数名称 :moShiPanDuan()
 * 函数功能：离家模式，夜间模式，白天模式，安防模式赋值
 * 返回值：空
 */
void Smart::moShiPanDuan()
{
    switch(Modes)
    {
    case LIJIA:
        chuShiHua();
        k_Warning=ALLOFF;
        k_Tv=0;
        k_mj=0;
        break;
    case YEJIAN:
        chuShiHua();
        k_Lamp=ALLON;
        if(Temp_Value.toFloat()>=32)
        {
            k_Fan=ALLON;
        }
        else
        {
            k_Fan=ALLOFF;
        }
        break;
    case BAITIAN:
        chuShiHua();
        k_Lamp=ALLOFF;
        if(Illumination_Value.toFloat()<=80)
        {
            k_Lamp=ALLON;
        }
        break;
    case ANFANG:
        chuShiHua();
        k_Lamp=ALLOFF;
```

```
            k_mj=15;
            k_Fan=ALLOFF;
            k_Warning=ALLOFF;
            if(StateHumanInfrared!=0)
            {
                k_Warning=ALLON;
            }
            break;
    }
}
```

（4）在上述函数的基础上添加初始化函数 chuShiHua()，以此实现每次更换模式后对各传感器状态进行初始化，其代码如下：

```
/*
 * 函数名称:chuShiHua()
 * 函数功能:对传感器状态进行初始化
 * 返回值:空
 */
void Smart::chuShiHua()
{
    k_Lamp=ALLOFF;
    k_Curtain=CurtainOff;
    k_Warning=ALLOFF;
    k_Fan=ALLOFF;
}
```

步骤 4：编译运行

将库文件 lib-SmartHomeGateway-X86.so 复制到项目构建目录中，随后单击 Qt Creator 中的"运行"按钮，其运行界面如图 5.8 所示。

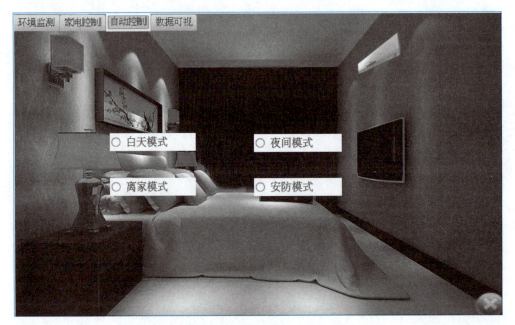

图5.8　自动控制模块运行效果

> 项目5 自动控制

实训

在自动控制模块中添加一个温控模式,用户可以自定义温度阈值,如果当前温度超过该温度,系统会自动开启风扇和空调,否则关闭风扇和空调,其界面如图 5.9 所示。

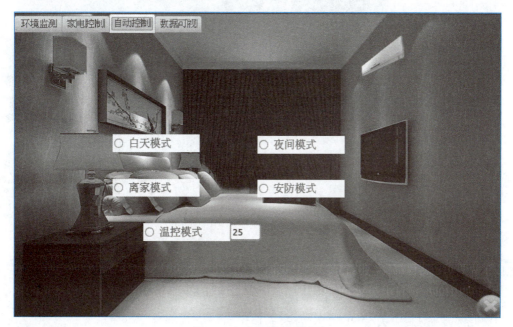

图5.9 自动控制实训界面

练习

(1) 请问 A8 网关的自动控制模块可以分成哪两类?

(2) 请问在 Qt 开发中单选按钮的类名是什么?

(3) 请问在 Qt 开发中强制类型转换分成哪两种形式?

(4) 请问将 QString 变量转换为 int 变量,调用哪个函数来实习?

(5) 用 QPixmap 对象打开 GIF 动画,以下叙述正确的是(   )。

　　A. 可以看到动画

　　B. 看不到任何画面

　　C. 只能看到动画的第一帧

　　D. 只能看到动画的最后一帧

(6) 以下关于槽的描述正确的是(   )。

　　A. 槽具有 public 和 protected 2 个类

　　B. public slots 表示只有该类的子类的信号才能连接

　　C. 槽是普通成员函数

　　D. 不能有 private slots

项目6 数据可视

项目目标

通过本项目的学习，学生可以掌握以下技能：
① 能够理解 Qt 中关于 2D 绘图的基本知识；
② 能够完成坐标轴的绘制；
③ 能够利用代码监测光照值的变化并将其以折线图的形式显示出来；
④ 能够通过调试解决代码的错误，并保证正常编译运行。

项目描述

数据可视模块利用折线图形式将环境数据的变化趋势直观展示给用户，使其更易于观察和理解。

相关知识

1. 绘制图形

Qt 中提供了强大的 2D 绘图系统，可以使用相同的 API 在屏幕和绘图设备上进行绘制，整个绘图系统基于 QPainter、QPainterDevice 和 QPaintEngine 三个类。QPainter 用来执行绘制的操作；QPaintDevice 是一个二维空间的抽象，这个二维空间可以由 QPainter 在上面进行绘制；QPaintEngine 提供了画笔 painter 在不同的设备上进行绘制的统一接口。

绘图系统由 QPainter 完成具体的绘制操作，QPainter 类提供了大量高度优化的函数来完成 GUI 编程所需要的大部分绘制工作。QPainter 可以绘制一切想要的图形，从最简单的一条直线到其他任何复杂的图形，例如：点、线、矩形、弧形、饼状图、多边形、贝塞尔弧线等。此外，QPainter 支持一些高级特性，例如，反走样（针对文字和图形边缘）、像素混合、渐变填充和矢量路径等，QPainter 支持线性变换，例如平移、旋转、缩放。

QPainter 可以在继承自 QPaintDevice 类的任何对象上进行绘制操作。QPainter 也可以与 QPrinter 一起使用来打印文件和创建 PDF 文档。这意味着通常可以用相同的代码在屏幕上显示数据，也可以生成打印形式的报告。

QPainter 一般在部件的绘图事件 paintEvent() 中进行绘制，绘图时首先创建 QPainter 对象，然后进行图形的绘制，最后销毁 QPainter 对象。当窗口程序需要升级或者重新绘制时，调用此成员函数。使用 repaint() 和 update() 后，调用函数 paintEvent()。

以下代码绘制了具有特殊效果的艺术字 Qt，效果如图 6.1 所示。该部分代码首先为该部件创建了一个 QPainter 对象，用于后面的绘制。使用 setPen() 来设置画笔的颜色（淡蓝色）。通过使用 QFont 来构建想要的字体，setFamily() 设置字体为微软雅黑、setPointSize() 设置点大小 50、setItalic() 设置斜体，然后通过 setFont() 来设置字体，最后调用 drawText() 来实现文本的绘制，这里的 rect() 是指当前窗体的显示区域，Qt::AlignCenter 指文本居中绘制。

图6.1　文本绘制效果

```
QPainter painter(this);
// 设置画笔颜色
painter.setPen(QColor(0, 160, 230));
// 设置字体：微软雅黑、点大小 50、斜体
QFont font;
font.setFamily("Microsoft YaHei");
font.setPointSize(50);
font.setItalic(true);
painter.setFont(font);
// 绘制文本
painter.drawText(rect(), Qt::AlignCenter, "Qt");
```

2. 坐标系统

坐标系统由 QPainter 类控制，再加上 QPaintDevice 和 QPaintEngine，就形成了 Qt 的绘图体系。

QPainter：用于执行绘图操作。

QPaintDevice：二维空间的抽象层，可以使用 QPainter 在它上面进行绘制。

QPaintEngine：提供了统一的接口，用于 QPainter 在不同的设备上进行绘制。

QPaintDevice 类是可以被绘制的对象的基类，它的绘图功能由 QWidget、QImage、QPixmap、QPicture 和 QOpenGLPaintDevice 继承。默认坐标系统位于设备的左上角（即坐标原点 (0, 0)）。X 轴由左向右递增，Y 轴由上向下递增。在基于像素的设备上（例如：显示器），坐标的默认单位是 1 像素，在打印机上则是 1 点（1/72 英寸）。

QPainter 逻辑坐标与 QPaintDevice 物理坐标的映射，由 QPainter 的变换矩阵（transformation matrix）、视口（viewport）和窗口（window）完成。默认情况下，物理坐标与逻辑坐标系统是重合的，QPainter 也支持坐标转换，例如旋转、缩放。

方案设计

数据可视模块主要通过实时监测光照参数的数值变化，并利用折线图的形式将这种变化显示出来，其中计时器的时间为 1 s，纵坐标为光照值，横坐标为数值编号，其显示的个数固定为 6。

项目实施

步骤 1：新建界面类文件

在 SmartHome 项目中新建 Qt 设计师界面类 LineChart，其主要用于实现光照参数的折线图功能，其界面布局保持默认，如图 6.2 所示，同时将 QDialog 界面的名称设置为 LineChart，如图 6.3 所示。

图6.2 数据可视选项卡界面效果

图6.3 QDialog界面设置

步骤 2：修改界面布局

修改主界面 smart.ui 的"数据可视"选项卡中的界面布局，其布局效果如图 6.4 所示。

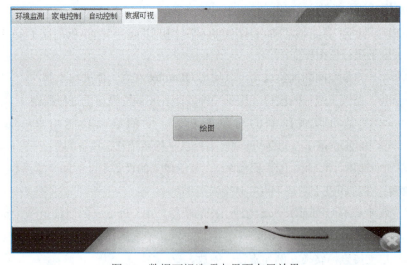

图6.4 数据可视选项卡界面布局效果

主界面 smart.ui 中数据可视选项卡控件的详细配置如表 6.1 所示。

表6.1　数据可视选项卡控件信息

控 件 ID	控 件 类 别	控 件 内 容
btnLine	QPushButton	绘图

步骤 3：修改 LineChart 类

数据可视功能主要是用于对环境参数进行监听，并将数值以折线图的形式展现给用户，使其能够直观总结出参数的变化趋势，其功能模块主要由头文件 linechart.h 和源文件 linechart.cpp 实现。其中 linechart.h 的具体编写步骤如下：

(1) 打开头文件 linechart.h，其初始代码如下：

```
#ifndef LINECHART_H
#define LINECHART_H
#include <QDialog>
namespace Ui {
    class LineChart;
}
class LineChart : public QDialog
{
    Q_OBJECT

public:
    explicit LineChart(QWidget *parent=0);
    ~LineChart();

private:
    Ui::LineChart *ui;
};
#endif                    //LINECHART_H
```

(2) 修改 linechart.h 头文件，在其首部引入其他功能的头文件，以此实现功能模块之间的交互。在代码 #include <QDialog> 下一行写入如下代码：

```
#include "smart.h"        // 导入主函数功能头文件
#include "QPainter"       // 导入绘图函数头文件
```

(3) 在 class LineChart : public QDialog() 函数的 public 中声明所需变量，同时在 private slots 中对各个函数事件进行声明，其详细代码如下所示：

```
public:
    explicit LineChart(QWidget *parent=0);
    ~LineChart();
    int shu[6];            // 横坐标上坐标点的数值组成的数组
    float zhi[6];          // 纵坐标上坐标点的数值组成的数组
    bool panDuan;          // 用于判断数值是否超出范围而需要调整坐标系
    QTimer *timer;         // 计时器
private slots:
    void Timer();          // 用于定时更新横纵坐标上的数值
    void paintEvent(QPaintEvent *);      // 用于绘制折线图
```

以上便是头文件 linechart.h 的全部操作。对于数据可视功能源文件 linechart.cpp 的具体操作如下：

（1）打开源文件 linechart.cpp，其初始代码如下：

```
#include "linechart.h"
#include "ui_linechart.h"
LineChart::LineChart(QWidget *parent) :
QDialog(parent),
ui(new Ui::LineChart)
{
    ui->setupUi(this);
}
LineChart::~LineChart()
{
    delete ui;
}
```

（2）在函数 LineChart::LineChart(QWidget *parent) 中输入功能代码，其主要用于实现定时更新横轴坐标的数值，具体代码如下：

```
this->setWindowTitle(" 光照 ");
timer=new QTimer();        // 声明计时器
connect(timer,SIGNAL(timeout()),this,SLOT(Timer()));
timer->start(1000);        // 每秒更新一次横纵坐标上的数值
for(int i=0;i<6;i++)
{
    shu[i]=i+1;
    zhi[i]=0;
}
```

（3）在程序尾部插入绘图事件实现函数，这些函数均与头文件 linechart.h 中 private slots 里声明的函数一一对应，具体代码如下：

```
/*
 * 函数名称:Timer()
 * 函数功能:计时器
 * 返回值:空
 */
void LineChart::Timer()
{
    for(int i=0;i<5;i++)
    {
        shu[i]=shu[i+1];// 将当前横坐标上的数值赋给前一个横坐标，造成数值向左移动
        zhi[i]=zhi[i+1];// 将当前纵坐标上的数值赋给前一个纵坐标，造成数值向左移动
    }
    shu[5]=shu[5]+1;
    zhi[5]=Illumination_Value.toFloat();// 获取光照值
    update();
}
/*
 * 函数名称:paintEvent(QPaintEvent *)
 * 函数功能:绘制光照折线图
 * 返回值:空
```

```cpp
    */
void LineChart::paintEvent(QPaintEvent *)
{
    if(Illumination_Value.toFloat()<=2000)   // 判断光照值是否小于等于2000
    {
        QPainter paint(this);                       // 实例化QPainter类
        paint.setRenderHint(QPainter::Antialiasing,true);
                                                    // 打开QPainter的反走样功能
        paint.drawLine(0,250,300,250);
        // 在前两个参数确定的坐标点到后两个参数确定的坐标点之间画线
        paint.drawLine(50,0,50,300);
        paint.setBrush(QColor(0,0,0));          // 使用画刷填充
        for(int i=0;i<6;i++)
        {
            paint.drawText(70+30*i,270,QString::number(shu[i]));
                                                    // 绘制横坐标上的坐标点数值
        }
        for(int i=0;i<6;i++)
        {
            if(zhi[i]>=220)
            {
                panDuan=1;
                break;
            }
            else
            {
                panDuan=0;
            }
        }
        if(panDuan)
        {
            for(int i=0;i<11;i++)
            {
                paint.drawText(15,250-(20+20*i),QString::number(8*(20+20*i)));
                                                    // 绘制纵坐标上的坐标点数值
            }
            for(int i=0;i<6;i++)
            {
                paint.drawEllipse(70+30*i,250-zhi[i]/8,5,5);
                                                    // 绘制椭圆用于代表数据点
            }
            for(int i=0;i<5;i++)
            {
                paint.drawLine(70+30*i,250-zhi[i]/8,70+30*(i+1),250-zhi[i+1]/8);
                                                    // 在两点之间绘制直线
            }
        }
        else
        {
            for(int i=0;i<11;i++)
            {
                paint.drawText(15,250-(20+20*i),QString::number(20+20*i));
```

```
            }
            for(int i=0;i<6;i++)
            {
                paint.drawEllipse(70+30*i,250-zhi[i],5,5);
            }
            for(int i=0;i<5;i++)
            {
                paint.drawLine(70+30*i,250-zhi[i],70+30*(i+1),250-zhi[i+1]);
            }
        }
    }
}
```

步骤 4：修改 Smart 类

(1) 在 LineChart 类修改完毕后，继续修改对应 Smart 类中的代码，在其头文件 smart.h 中的 private slots: 添加如下代码：

```
private slots:
...
void on_btnLine_clicked();
```

(2) 随后在源文件 smart.cpp 的尾部添加与头文件相对应的代码：

```
/*
 * 函数名称:on_btnLine_clicked()
 * 函数功能：启动折线图
 * 返回值：空
 */
void Smart::on_btnLine_clicked()
{
    LineChart a;            // 新建绘图界面
    a.exec();
}
```

步骤 5：编译运行

将库文件 lib-SmartHomeGateway-X86.so 复制到项目构建目录中，随后单击 Qt Creator 中的"运行"按钮，其运行效果如图 6.5 和图 6.6 所示。

图6.5　数据可视运行界面效果

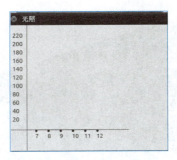

图6.6 绘制界面运行效果

实训

在原先数据可视模块的基础上添加数据选择功能，使其不仅能够绘制光照参数的折线图，还可以绘制温度参数和湿度参数的折线图，修改后的界面如图6.7所示。

图6.7 数据可视实训界面

练习

（1）请问 Qt 的绘图系统基于哪几个类？

（2）请问 QPainter 一般在部件的哪个事件中进行绘制？

（3）请问 QFont 类是什么类？

（4）请问 QPainter 可以绘制多边形吗？

（5）以下不是 Qt 支持的图像格式是（　　）。

　　A. JPG

　　B. PNG

　　C. BMP

　　D. XPM

（6）以下叙述正确的是（　　）。

　　A. Qt 支持 GIF 格式图像，且可以存储它们

　　B. Qt 支持 GIF 格式图像，但不可以存储它们

　　C. Qt 不支持 GIF 格式图像，但可以存储它们

　　D. Qt 不支持 GIF 格式图像，且不可以存储它们

项目7
程序烧录

项目目标

通过本项目的学习,学生可以掌握以下技能:
① 能够理解并完成 SD 卡和镜像文件的制作过程;
② 能够通过两种方式将镜像文件烧写到 A8 网关中;
③ 能够理解并解决烧写过程中碰见的各类问题。

项目描述

程序烧录主要是将已编译好的智能网关程序烧写到 A8 网关中,使其能够在移动设备上对各类传感器进行数据读取和状态操作,以此实现智能家居的移动化应用。

相关知识

1. SD 卡制作

在实际使用中 SD 卡是不能直接启动智能网关的,必须先在 PC 上使用特殊的烧写软件把 BIOS(也可以称为 bootloader)写入 SD 卡才可以,并且写入的这个 BIOS 是无法在计算机中直接看到的。因此此处需要使用一个具有该功能的 SD 卡制作工具——SD-Flasher.exe。

(1)基于 Windows 10 烧写。

打开 SD-Flasher.exe 烧写软件,请注意需要通过管理员身份来打开该软件,启动后出现如图 7.1 所示的界面。

选择 Mini210/Tiny210,单击 Next 按钮,进入如图 7.2 所示的界面。

图 7.1 SD-Flasher 启动界面

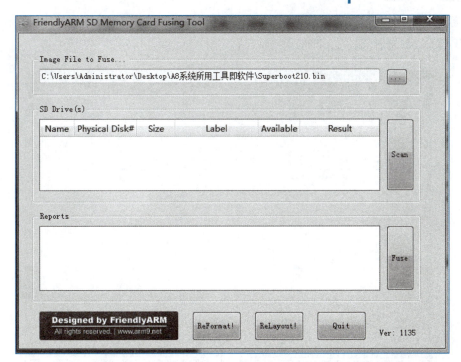

图7.2 SD-Flasher烧写界面

单击 按钮找到所要烧写的 superboot，随后单击 Scan 按钮，如果此时显示信息中的 Available 为 No，则需要单击 ReLayout! 按钮，并弹出一个提示框，如图 7.3 所示，其主要提示 SD 卡中的所有数据将会丢失，单击 Yes 按钮，开始自动分割，该过程可能会花费一些时间。

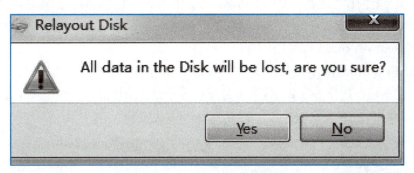

图7.3 SD-Flasher烧写提示框

分割完毕后将回到 SD-Flasher 主界面，此时再单击 Scan 按钮，就可以看到 SD 卡卷标已经变为 FriendlyARM，Available 为 Yes 并且可以使用了。随后单击 Fuse 按钮，superboot 便会被安全地烧写到 SD 卡的无格式区中。

（2）恢复 SD 卡原始状态。

SD-Flasher.exe 会分割并预留 130 MB 空间用于烧写 Superboot，当 SD 卡不再用于开发板时，如果想恢复 SD 卡为原始状态，可再次启动 SD-Flasher.exe：

首先，单击 Scan 按钮扫描一下 SD 卡，然后单击 ReFormat! 按钮，会弹出一个提示框，其与图 7.3 所示一致，主要用于提示 SD 卡中的所有数据将会丢失。

最后，单击 Yes 按钮开始恢复，这需要稍等一会儿，恢复完成后，再单击一次 Scan 按钮，这时 SD 卡的状态为不可烧写，即恢复到原始的状态，如图 7.4 所示。

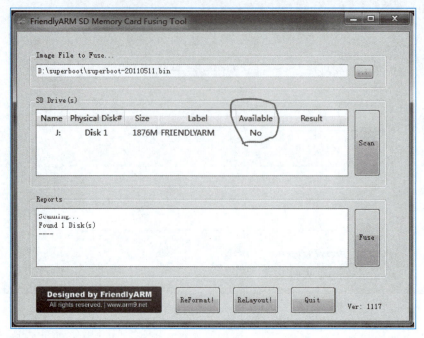

图7.4　SD卡恢复成功界面

2. 镜像文件制作

首先，编写好的程序先在计算机上仿真一次，如果能够正常运行，则修改为网关运行。随后双击 SmartHome.pro 文件，将在本机运行的 lib-SmartHomeGateway-X86.so 库文件修改为 lib-SmartHomeGateway-ARM.so 的库文件并保存。

如图 7.5 所示，在此界面中修改对应位置的 Qt 编译信息，"Qt 版本"选择"Qt 4.7.0 在 PATH（系统）"，"工具链"选择 GCCE，这两个是要在进行交叉编译的时候就需要指定好的，其中 GCCE 这个编译工具是需要用户自己去添加的，添加方法如下：

图7.5　Qt构建配置界面

（1）单击 QT 最左侧选择项目，然后单击工具链最右侧的"管理"按钮，如图 7.6 所示。

图7.6 Qt选择项目界面

（2）在弹出的对话框最右侧单击"添加"按钮，选择 GCCE，可以看到"手动设置"下方出现了 GCCE，如图 7.7 所示。

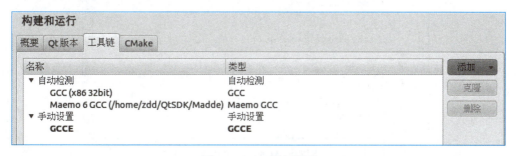

图7.7 GCCE添加界面

（3）设置"编译器路径"为 opt/FriendlyARM/toolschain/4.5.1/bin/arm-linux-g++，如图 7.8 所示。

图7.8 编译器设置界面

（4）在构建目录处，选择用来存放 lib-SmartHomeGateway-ARM.so 的文件夹作为构建目录。然后重新编译，生成一个紫色菱形的可执行文件。把生成的可执行文件和动态链接库文件复制到指定的目录下，以方便后续的操作。

在 Linux 下，要在文件系统中实现复制、粘贴的操作需要在终端中输入命令。这里给出一段参考命令，请根据实际情况修改：

```
cd /home/zdd/桌面/demo(试用)/Debug
cd /6410/rootfs_qtopia_qt4/mnt/zdd/
cp lib-SmartHomeGateway-ARM.so /6410/root_qtopia_qt4
```

在终端中进入 /6410/rootfs_qtopia_qt4/bin 文件系统，打开 qt4 文件，在最后添加 /mnt/zdd/demo –qws 命令，其结果如图 7.9 所示。

在终端中进入 /6410/rootfs_qtopia_qt/etc/init.d 文件系统，打开 rcS 文件，在最后添加 qt4& 命令，其结果如图 7.10 所示。

在终端中进入 /6410 文件系统，使用 /usr/sbin/mkyaffs2image-128M 工具将 rootfs_qtopia_qt4 制作成镜像 A8.img。（镜像名可以根据工程文件名自定义）

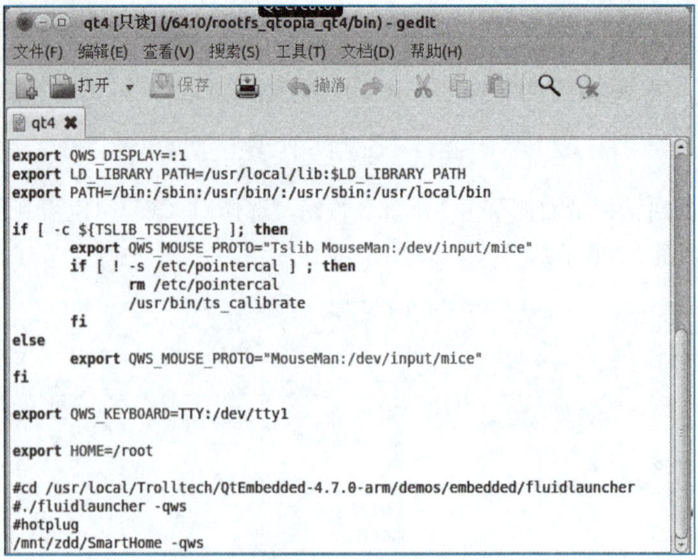

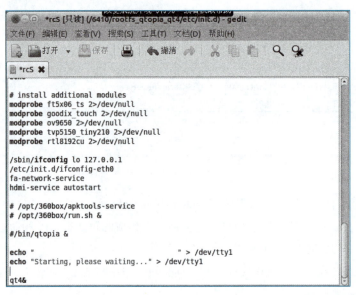

```
export QWS_DISPLAY=:1
export LD_LIBRARY_PATH=/usr/local/lib:$LD_LIBRARY_PATH
export PATH=/bin:/sbin:/usr/bin/:/usr/sbin:/usr/local/bin

if [ -c ${TSLIB_TSDEVICE} ]; then
        export QWS_MOUSE_PROTO="Tslib MouseMan:/dev/input/mice"
        if [ ! -s /etc/pointercal ] ; then
                rm /etc/pointercal
                /usr/bin/ts_calibrate
        fi
else
        export QWS_MOUSE_PROTO="MouseMan:/dev/input/mice"
fi

export QWS_KEYBOARD=TTY:/dev/tty1

export HOME=/root

#cd /usr/local/Trolltech/QtEmbedded-4.7.0-arm/demos/embedded/fluidlauncher
#./fluidlauncher -qws
#hotplug
/mnt/zdd/SmartHome -qws
```

图7.9　修改qt4文件界面

```
# install additional modules
modprobe ft5x06_ts 2>/dev/null
modprobe goodix_touch 2>/dev/null
modprobe ov9650 2>/dev/null
modprobe tvp5150_tiny210 2>/dev/null
modprobe rtl8192cu 2>/dev/null

/sbin/ifconfig lo 127.0.0.1
/etc/init.d/ifconfig-eth0
fa-network-service
hdmi-service autostart

# /opt/360box/apktools-service
# /opt/360box/run.sh &

#/bin/qtopia &

echo "                                  " > /dev/tty1
echo "Starting, please waiting..." > /dev/tty1

qt4&
```

图7.10　修改rcS文件界面

然后在计算机运行终端中的 6410 路径下，输入命令 cd /6410 ，使用 mkyaffs2image-128M 工具，可以把目标文件系统目录制作成 img 格式的映像文件。 将文件系统 root_qtopia_qt4 做成镜像文件，生成的 .img 文件就是最终要烧到网关上面的文件系统的镜像。输入命令 /usr/sbin/mkyaffs2image-128M root_qtopia_qt4 A8.img。稍等片刻，将会在当前目录下生成 .img 文件。

方案设计

一般将智能网关程序烧写到 A8 网关中有两种方法：一种是通过 SD-Flasher.exe 软件制作 SD 卡，随后将打包好的 img 文件复制到相应的文件路径即可；另一种是利用数据线将 A8 网关与计算机相连，然后通过 MiniTools 软件将 img 文件烧入。

项目实施

步骤 1：SD 卡移植镜像

在烧入镜像之前，需先进入终端中将其权限改一下，不然无法把该文件（如 A8.img）复制出虚拟机，修改权限的命令为 chmod 777 A8.img。

将制作好的镜像复制到 Linux 文件夹中，同时在文件夹中的 images 文件夹下含有如图 7.11 所示的三个文件。

Linux	2016/3/9 15:38	文件夹	
FriendlyARM.ini	2015/10/20 13:55	配置设置	1 KB
Superboot210.bin	2015/5/18 16:23	BIN 文件	528 KB

图7.11　images文件夹内容图

打开 FriendlyARM.ini 文件，其详细信息如图 7.12 所示（与实际可能有部分差异）。

```
#This line cannot be removed. by FriendlyARM(www.arm9.net)

CheckOneButton=No
Action = Install
OS = Linux

LCD-Mode = No
LCD-Type = S70

LowFormat = No
VerifyNandWrite = No
CheckCRC32=No

StatusType = Beeper | LED

#################### Linux #####################
Linux-BootLoader = Superboot210.bin
Linux-Kernel = Linux/zImage
Linux-CommandLine = root=/dev/mtdblock4 rootfstype=yaffs2
console=ttySAC0,115200 init=/linuxrc skipcali=yes ctp=2
Linux-RootFs-InstallImage = Linux/123.img
```

图7.12　FriendlyARM.ini内容

将最后一行镜像名称修改为实际镜像的名称。如此时为 A8.img 则改为 Linux-RootFs-InstallImage = Linux/A8.img。

然后将对应文件夹中的 images 文件夹复制到 SD 卡中，其根目录包含文件如图 7.13 所示。

SmartHome.xml	2016/3/3 16:07	XML 文档	1 KB
images	2015/5/18 16:23	文件夹	

图7.13　SD卡根目录文件内容

将烧录好的 SD 卡插到智能网关底部的 SD 卡卡槽中，按下开关，以 SD 卡启动模式启动网关，此时听到蜂鸣器响一声，表示开始烧写。等待蜂鸣器连续响两声，则表示烧写已经完成。按压使开关弹起，切换至 uboot 模式，然后重启网关。

步骤 2：数据线移植镜像

用 SD-Flasher 工具将 Superboot 烧写到 SD 卡中，并将硬盘中的 images/FriendlyARM.ini 文件复制到 SD 卡中的 images 目录下，随后编辑 SD 卡中的 images/FriendlyARM.ini 文件，增加内容 USB-Mode = yes，修改后的代码如图 7.14 所示。

图7.14　FriendlyARM.ini内容

在 Windows 10 系统上安装 MiniTools 烧写工具后，将 A8 网关的启动模式设置为 SD 卡启动，上电开机，A8 网关将进入 USB 下载模式，用 USB 线将计算机与其连接。如果连接成功，A8 网关的屏幕上会显示 USB Mode: Connected 提示信息，同时 MIniTools 左下角的通知栏也会显示连接成功的信息，如图 7.15 所示。

图7.15　MiniTools连接成功

A8 网关与计算机连接成功后，选择 MiniTools 左边的 Linux 选项，随后单击"选择 images 目录"，在弹出的文件路径中选择先前制作的 A8.img 所在的 images 文件夹，如果文件正确则会出现如图 7.16 所示的界面（自动导入的文件路径中不可以出现中文路径，否则烧写完成后程序运行会出现不可触控或其他错误）。

当烧写信息自动导入完成后，单击 MiniTools 中的"开始烧写"按钮，耐心等待几分钟，烧写完成后可以通过单击 MiniTools 上的"快速启动"或者以 uboot 模式重启 A8 网关，此时可以看到其界面上出现事先编好的程序界面。

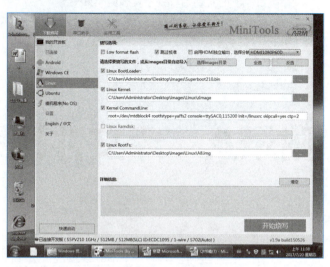

图7.16　images文件选择成功

实训

学生可以自行编写一个小应用或修改现有智能家居程序的部分功能，随后制作对应的 img 文件，并使用两种方式将其烧入 A8 网关中，分别开机测试其功能是否正确。

练习

（1）请问在实际使用中 SD 卡能直接启动智能网关吗？

（2）请问 SD-Flasher.exe 是什么软件？

（3）请问一般将智能网关程序烧写到 A8 网关中有几种方法？

（4）请问 MiniTools 是什么软件？

（5）以下各项中与 Qt 线程相关的类的是（　　）。

　　A. QMutex

　　B. QSemaphore

　　C. QThread

　　D. 以上都是

（6）以下关于 Qt 线程叙述正确的是（　　）。

　　A. Qt 中提供了 Thread 线程类

　　B. Qt 中提供了 QThread 线程类

　　C. 通过重载 Thread∷run ( ) 函数定义线程的执行内容

　　D. 通过重载 QThread∷_run ( ) 函数定义线程的执行内容

附录

附录A 库文件详细说明

1. 传感器类型

#define	TempDS18B20	0X01	//DS12B20 的温度
#define	TempSHT10	0X08	//SHT10 的温度
#define	HumiditySHT10	0X09	//SHT10 的湿度
#define	OnboardLight	0X10	// 板载光照
#define	Photoresistor	0X18	// 光敏电阻
#define	RelaySingle	0X20	// 单路继电器
#define	SmokeSensor	0X28	// 烟雾传感器
#define	GasSensor	0X30	// 燃气传感器
#define	RaindropSensor	0X38	// 雨滴传感器
#define	ElectricCurtains	0X40	// 电动窗帘
#define	DigitalTube	0X48	// 数码管
#define	InfraredRemoteControl	0X50	// 红外遥控
#define	GanHuangGuan	0X58	// 干簧管
#define	UltrasonicSensor	0X60	// 超声波传感器
#define	Shock	0X68	// 震动
#define	Noise	0X70	// 噪声
#define	BodyInfraredSensor	0X78	// 人体红外传感器
#define	DCMotor	0X80	// 直流电机
#define	StepMotor	0X88	// 步进电机
#define	TTL_IO	0X90	//TTL_IO
#define	Output	0X98	//(2 路节点 +2 路电平) 输出
#define	GasPressureSensor	0XA0	// 气体压力传感器
#define	DigitalAccelerometer	0XA8	// 数字加速度
#define	ElectronicCompass	0XB0	// 电子罗盘
#define	InfraredTemp	0XB8	// 红外温度
#define	ElectronicScales	0XC0	// 电子秤
#define	ExternTemp	0XC8	// 外部温度
#define	ExternHumidity	0XC9	// 外部湿度
#define	ExternIllumination	0XD0	// 外部光照
#define	BatteryVoltage	0XD8	// 电池电压
#define	Relay4	0XE0	//4 路继电器
#define	NoExternBoard	0XE8	// 无外接板

```
#define    Buzz                    0XF8              //蜂鸣器
#define    RFID_TAG_15693          0XD0
#define    RFID_DATA_15693         0XD1
#define    RFID_TAG_14433A         0XD2
#define    RFID_DATA_14433A        0XD3
#define    RFID                    0XD0
#define    PMSensor                0XF0
#define    WeatherSensor           0XA0
//Command Type
/** 正常的命令类型 */
#define    CommandNormal           0X00
/** 红外学习 */
#define    CommandInfraredLearn    0X01
/** 红外发射 */
#define    CommandInfraredLaunch   0X02
/* 步进电机控制 */
#define    CommandStepMotor        0X03
//RFID
#define    RFID_Read_Data          0X05
#define    RFID_Read_Tag           0X04
#define    RFID_Write_Data         0x06
// 继电器控制
#define    ALLON                   0X0F
#define    ALLOFF                  0X00
#define    RelayP1                 0X01
#define    RelayP2                 0X02
#define    RelayP3                 0X04
#define    RelayP4                 0X08
#define    NoBlockAddress          0
#define    RelayOff                0x00
#define    LampOn                  0x08
#define    WarningLightOn          0x08
#define    FanOn                   0x08
#define    CurtainOn               0x02
#define    CurtainStop             0x08
```

2. 声明全局变量

```
extern QString Extern_Temp;              // 温度
extern QString Extern_Humidity;          // 湿度
extern QString Illumination ;            // 光照
extern QString Smoke;                    // 烟雾
extern QString RFIDData;                 //RFIDData
extern QString Gas;                      // 燃气
extern QString PM25;                     //PM2.5
extern QString AirPressure;              // 气压
extern QString RFIDTag;                  // 门禁
extern QString Co2State;                 //CO2
extern QString WarningLightState;        // 报警灯
extern QString LampState;                // 射灯
extern QString CurtainState;             // 窗帘
extern QString FanState;                 // 风扇
extern volatile unsigned int Relay4State;  //4 路继电器
```

```c
extern volatile unsigned int StateHumanInfrared;      // 人体红外,1:有人;0:无人
extern volatile unsigned int StateHelpButton;         // 求助按钮,1:按下;0:未按下
extern volatile unsigned int configboardnumbertemp;          // 温度
extern volatile unsigned int configboardnumberHumidity;      // 湿度
extern volatile unsigned int configboardnumberIllumination;  // 光照
extern volatile unsigned int configboardnumberSmoke;         // 烟雾
extern volatile unsigned int configboardnumberHumanInfrared; // 人体红外
extern volatile unsigned int configboardnumberHelpButton;    // 求助按钮
extern volatile unsigned int configboardnumberStepMotor;     // 步进电机
extern volatile unsigned int configboardnumberDCMotor;       // 直流电机
extern volatile unsigned int configboardnumberDigital;       // 数码管
extern volatile unsigned int configboardnumberLED;           // LED 灯
extern volatile unsigned int configboardnumberRelay;         // 继电器
extern volatile unsigned int configboardnumberBuzz;          // 蜂鸣器
extern volatile unsigned int configboardnumberGasSensor;     // 燃气
extern volatile unsigned int configboardnumberPM25;          // PM2.5
extern volatile unsigned int configboardnumberAir;           // 气压
extern volatile unsigned int configboardnumberCo2;           // $CO_2$
extern volatile unsigned int configboardnumberRFID;          // 蜂鸣器
extern volatile unsigned int configboardnumberInfrared;      // 红外学习
extern volatile unsigned int configboardnumberRelay4;        // 四路继电器
extern volatile unsigned int configboardnumberLamp;          // 射灯
extern volatile unsigned int configboardnumberFan;           // 风扇
extern volatile unsigned int configboardnumberCurtain;       // 窗帘
extern volatile unsigned int configboardnumberWarningLight;  // 报警灯
```

3. command.h的Command类函数接口

```c
/***************************************************************
* 函数名称：SerialOpen
* 函数功能：打开一个串口
* 输出参数：无
* 输入参数：无
* 返回值： 返回转换好的值
***************************************************************/
void SerialOpen(void); // 打开串口
/***************************************************************
* 函数名称：SerialWriteData
* 函数功能：通过串口发送数据
* 输出参数：无
* 输入参数：boardnumber ：发送数据的目的板号
* SensorType ：传感器类型
* CommandType ：命令类型
* BlockAddress ：块地址（用于RFID模块）
* Send_Data ：将要发送的数据
* 返回值： 返回转换好的值
***************************************************************/
void SerialWriteData(unsigned int boardnumber,unsigned int SensorType_send,unsigned int CommandType,unsigned int BlockAddress,unsigned int Send_Data)
/***************************************************************
* 函数名称：ReceiveHandle
* 函数功能：接收帧处理函数
```

```
 * 输出参数：无
 * 输入参数：str ： 串口返回来的数据
 * 返回值： 返回转换好的值
 ***************************************************************/
void ReceiveHandle(QByteArray str);
/***************************************************************
 * 函数名称：serialFinish
 * 函数功能：信号函数
 * 输出参数：无
 * 输入参数：str ： 串口返回来的数据
 * 返回值： 返回转换好的值
 ***************************************************************/
void serialFinish(QByteArray str);
/***************************************************************
 * 函数名称：ReadNodeData
 * 函数功能：读取节点信息（短地址，传感器类型，板类型）
 * 输出参数：无
 * 输入参数：boardnum: 板号
 * 返回值： 无
 ***************************************************************/
void ReadNodeData(unsigned char boardnum);
/***************************************************************
 * 函数名称：bodyInfrared
 * 函数功能：信号函数
 * 输出参数：无
 * 输入参数：boardnum: 板号,Command: 命令数据
 * 返回值： 无
 ***************************************************************/
void bodyInfrared(unsigned int boardNum,unsigned int Command);
```

4. configure.h的Configure函数接口

```
/***************************************************************
 * 函数名称：ConfigureIP
 * 函数功能：配置网关IP地址
 * 输出参数：无
 * 输入参数：无
 * 返回值：true: 配置成功, false: 配置失败
 ***************************************************************/
bool ConfigureIP(QString UserName, QString Passwd, QString IP);
log.h 的 Log 函数接口
/***************************************************************
 * 函数名称：WriteLog
 * 函数功能：写日志内容
 * 输出参数：无
 * 输入参数：Str: 日志中要写的内容
 * 返回值：无
 ***************************************************************/
void WriteLog(QString str);
sql.h 的 Sql 函数接口
/***************************************************************
 * 函数名称：SqlConnect
 * 函数功能： 数据库连接
```

```
* 输出参数：无
* 输入参数：无
* 返回值：  true：连接成功，false：连接失败
***************************************************************/
bool SqlConnect();
/***************************************************************
* 函数名称：SqlAddRecord
* 函数功能： 数据库添加记录
* 输出参数：无
* 输入参数：username：用户名，passwd：密码，ip：IP 地址
* 返回值：  true：添加成功，false：添加失败
***************************************************************/
bool SqlAddRecord(QString username,QString passwd,QString ip);
/***************************************************************
* 函数名称：SqlUpdateRecord
* 函数功能： 数据库更新记录
* 输出参数：无
* 输入参数：username：用户名，passwd：密码，ip：IP 地址
* 返回值：  true：更新成功，false：更新失败
***************************************************************/
bool SqlUpdateRecord(QString username,QString passwd,QString ip);
/***************************************************************
* 函数名称：SqlQueryCount
* 函数功能：查询数据库记录数目
* 输出参数：无
* 输入参数：无
* 返回值：数据库记录数目
***************************************************************/
int SqlQueryCount();
```

5. tcpclientthread.h 的 Tcpclientthread 类

```
TcpClientThread  MyTcpClient = new TcpClientThread();     // 新建客户端线程
MyTcpClient->start();                                     // 开启线程
```

属性：

```
QString ServerIP;
int ServerPort;
```

在主线程中配置需要连接的服务器 IP 及端口号，以及初始化 ServerIP、ServerPort 的值。

```
tcpserver.h 的 TcpServer 类
TcpServer Server;
if(!Server.listen(QHostAddress::Any,6001))          // 监听 6001 端口的数据
{
    qDebug() << Server.errorString();
    log.WriteLog("ServerConnectedState:"+Server.errorString());
}
// 将接收到的控制节点板信号关联到槽
connect(&Server,SIGNAL(bytesArrived(QString,unsigned int,unsigned int)),this,SLOT(updata(QString,unsigned int,unsigned int)));
// 将接收到的配置网关的信号关联到槽
connect(&Server,SIGNAL(bytesArrived(QString,QString,QString)),this,SLOT(configure(QString,QString,QString)));
```

```
/***************************************************************
 * 函数名称: bytesArrived
 * 函数功能: 信号函数
 * 输出参数: 无
 * 输入参数: SensorType: 传感器类型, BlockAddress: 块地址, Command: 命令
 * 返回值:   返回转换好的值
 ***************************************************************/
void bytesArrived(Qstring SensorType,unsigned int BlockAddress,unsigned int Command);
/***************************************************************
 * 函数名称: bytesArrived
 * 函数功能: 信号函数
 * 输出参数: 无
 * 输入参数: UserName: 用户名, Passwd: 密码, Ip: ip地址
 * 返回值:   返回转换好的值
 ***************************************************************/
void bytesArrived(Qstring UserName,Qstring Passwd,QString Ip);
```

6. 串口编程部分SerialThread类

头文件:

```
#include <QThread>
#include <QString>
#include "posix_qextserialport.h"
class SerialThread: public QThread
{
    Q_OBJECT
public:
        explicit SerialThread();
        Posix_QextSerialPort *myCom;         // 实例化串口类
private:
        void run();
        QString data;
signals:
        void serialFinished(QByteArray str);
};
```

源文件:

```
SerialThread::SerialThread()
{
    struct PortSettings ttySetting;
    // 实例化串口,并对其进行配置
      myCom=new Posix_QextSerialPort("/dev/ttyUSB0",ttySetting,QextSerialBase::Polling);                          //SAC1
        myCom->open(QIODevice::ReadWrite);    // 设置串口读写
        myCom->setBaudRate(BAUD9600);         // 设置波特率
        myCom->setDataBits(DATA_8);           // 设置数据位
        myCom->setParity(PAR_EVEN);           // 设置校验位
        myCom->setStopBits(STOP_1);           // 设置停止位
        myCom->setFlowControl(FLOW_OFF);
        myCom->setTimeout(30);
}
void SerialThread::run()
```

```
{
    while(1)
    {
        // 对比40ms前后收到的两段数据，一致即读取数据
        int len;
        len = myCom->bytesAvailable();
        msleep(40);
        if(len == myCom->bytesAvailable())
        {
            QByteArray temp = myCom->readAll();
            // 读取串口缓冲区的所有数据给临时变量temp
            emit this->serialFinished(temp);
        }
    }
}
```

7. 智能网关控制关键字

报警灯：WarningLight 0（关），1（开）。

排风扇：Fan 0（关），1（开）。

窗帘电机：Curtain 1（开），2（停），3（关）。

射灯：Lamp 0（关），1（开）。

门禁控制：RFID_Open_Door 0（关），1（开）。

红外发射：InfraredEmit 0-48（通道号）。

附录B Qt类库及头文件介绍

类库分为两个：

（1）lib-SmartHomeGateway-X86.so 是在虚拟机环境下运行的类库；

（2）lib-SmartHomeGateway-ARM.so 是在网关镜像环境下运行的类库。

类库里面包含的是源码，也就是 XXX.c 文件，而这些 .c 文件的头文件，也提供在了库文件中，接下来分别介绍每一个类的作用。

1. commond类

这是所有类中最重要的类，核心的命令都是通过 commond 类来实现的。常用函数、参数的用法和意义见表 B.1。

表B.1　commond类使用方法

函数或方法	作　　用	参 数 含 义
SerialOpen()	打开串口	
SerialWriteData(unsigned int boardnumber,unsigned int SensorType_send,unsigned int CommandType,unsigned int BlockAddress, int Send_Data)	命令发送至节点	Boardnumber板号 SensorType_send传感器类型 CommandType命令类型 BlockAddress门禁卡块地址 Send_Data控制命令
ReceiveHandle(QByteArray str)	接受帧处理	str串口缓冲区数据
ReadNodeData(unsigned char boardnum)	读取节点信息	boardnum板号
receive(unsigned char b[])	对参数进行处理	b临时参数
serialFinish(QByteArray str)	用来接收串口数据的信号	str串口数据

2. configure类

这是用来配置各种网络参数、用户参数的类。常用函数、参数的用法和意义见表 B.2。

表B.2 configure类使用方法

函数或方法	作用	参数含义
ConfigureIP()	配置IP地址等网络参数	
ConfigureMac()	配置MAC地址等网络参数	

3. jsoncommand类

这个类中事先定义了一些全局变量,从串口处理完的各种传感器的环境参数都会存储在这些变量之中,用户只要引用这些全局变量,就能获取到各种环境参数,具体变量含义见表B.3。

表B.3 jsoncommand类使用方法

函数或方法	作用	参数含义
Illumination_Value	光照度	
Temp_Value	温度值	
Humidity_Value	湿度值	
CO2_Value	CO_2	
AirPressure_Value	气压	
Smoke_Value	烟雾	
Gas_Value	燃气	
PM25_Value	PM2.5	
StateHumanInfrared	人体红外	1:有人。0:无人

4. log类

这是用来打印日志信息的类,可以用它来打印出调试所需的信息,具体函数见表B.4。

表B.4 log类使用方法

函数或方法	作用	参数含义
WriteLog(QString str)	记录消息,并打印日志	str 调试信息

5. 串口支持类

posix_qextserialport、qextserialbase 和 qextserialport 这三个类是第三方的串口支持类,提供了一系列串口实现的方法和串口各参数的定义。

6. sql类

这是数据库操作类。在 Ubuntu 环境中,内置了 SQLite3,可以直接通过数据库语句操作本地数据库。在这个类中,事先预制了一个数据表,用来存储用户信息和网络参数,并且提供了数据库更新与增加的方法给用户使用,具体方法见表 B.5。

表B.5 sql类使用方法

函数或方法	作用	参数含义
SqlConnect()	数据库连接	

续表

函数或方法	作用	参数含义
SqlAddRecord(QString username,QString passwd,QString ip,QString mask,QString gateway,QString mac,QString serverIp)	增加一条数据	username用户名 passwd密码 ip IP地址 mask子网掩码 gateway网关 mac MAC地址 serverIp服务器IP
SqlQueryCount()	数据表行数查询	
SqlUpdateRecord(QString username,QString passwd,QString ip,QString mask,QString gateway,QString mac,QString serverIp)	更新一条数据	username用户名 passwd密码 ip IP地址 mask子网掩码 gateway网关 mac MAC地址 serverIp服务器IP

7. tcpclientthread类

这是客户端线程类，开启这个线程后，会自动将采集到的环境参数传递至服务器中，具体方法见表B.6。

表B.6 tcpclientthread类使用方法

函数或方法	作用	参数含义
run()	运行线程	str 调试信息

8. tcpserver类

这是网络服务端类，它的作用是提供了两个信号，一个信号是接收安卓客户端发来的控制命令，另一个信号是接收配置工具配置的网络参数，具体信号内容见表B.7。

表B.7 tcpserver类使用方法

函数或方法	作用	参数含义
bytesArrived(QString,unsigned int,unsigned int)	接收安卓客户端发来的控制命令信号	用户名、密码、确认密码
bytesArrived(QString,QString,QString,QString,QString,QString,QString)	接收配置工具配置的网络参数信号	IP 地址、端口号、MAC 地址、子网掩码、网关和服务器 IP

9. tcpthread类

这个类是网络线程类，作为客户端线程类和服务端类的网络功能基础。

10. VariableDefinition类

这个类中包含了串口通信和服务器通信过程中涉及的各种参数的宏定义。在具体的控制和命令转发过程中会用到。

附录C 试 题

试题 1

 任务实施

本部分要求完成智能家居网关与协调器的连接,以及智能家居网关与服务器的连接,实现 Qt 项目的创建以及界面、数据采集功能,实现对智能家居设备的控制和模拟应用配置,并完成网关移植。

> **说明:**
> 虚拟机登录及提升权限的密码是 bizideal,所使用到的动态链接库 lib-SmartHomeGateway-X86.so、lib-SmartHomeGateway-ARM.so,存放于虚拟机桌面素材(包括所有图片,完整头文件 qextserialport.h、qextserialbase.h、posix_qextserialport.h、command.h、configure.h、jsoncommand.h、sql.h、log.h、tcpclientthread.h、tcpserver.h、tcpthread.h、VariableDefinition.h)文件夹中。烧写所使用的 Minitools 软件存放于桌面(竞赛材料)。

一、设备连接

完成 A8 网关与协调器的连接,以及 A8 网关与服务器的连接。

二、保存方法

将整个 Qt 工程保存到"虚拟机桌面\Qt 工程 ***"文件夹中(其中 *** 代表三位数的工位号)。

三、界面及功能实现

(1)如图 C.1 所示,在登录界面中输入用户名、密码、服务器 IP、端口号,单击"登录"按钮。若账号和密码输入正确,则进入如图 C.2 所示的主界面。要求输入密码时,密码显示为 *。若账号、密码输入错误,则弹出一个提示对话框,如图 C.3 所示。

> **注意：**
> 用户名、密码、服务器 IP、端口号须有默认值，密码长度不足 6 位时，弹出如图 C.4 所示的提示对话框。

图C.1　登录界面

图C.2　主界面

图C.3　账户密码错误提示对话框　　　图C.4　密码长度错误提示对话框

（2）单击登录界面中的"注册账户"按钮，进入如图 C.5 所示的注册界面。单击登录界面中的"查看账户"按钮，进入如图 C.6 所示的查看账户界面。单击登录界面中的"管理账户"按钮，进入如图 C.7 所示的管理账户界面。单击登录界面中的"关闭系统"按钮，则关闭界面。

图C.5 注册界面

图C.6 查看账户界面

图C.7 管理账户界面

（3）在注册界面中，没有输入用户名信息时单击"注册"按钮，弹出如图C.8所示的提示对话框；输入用户名没有输入密码时单击"注册"按钮，弹出如图C.9所示的提示对话框；没有输入确认密码时单击"注册"按钮，弹出如图C.10所示的提示对话框；两次密码不一致时单击"注册"按钮，弹出如图C.11所示的提示对话框；用户名、密码、确认密码均正确时时单击"注册"按钮，弹出如图C.12所示的提示对话框。

图C.8 用户名为空提示对话框

图C.9 密码为空提示对话框

图C.10 确认密码为空提示对话框

图C.11 密码不同提示对话框

（4）在查看账户界面中，单击右下角的"退出"按钮，关闭查看账户界面返回到登录界面中。

（5）在管理账户界面中，单击选中任意一行的某个单元格后，单击"删除数据"按钮删除选中的账户。表要同步更新。单击右下角的"退出"按钮，关闭本窗口，返回到登录界面中。

图C.12　注册成功提示对话框

（6）在主界面中，选择正确的串口号、波特率、校验位、数据位（默认选择正确值），单击"打开串口"按钮打开实际串口，同时按钮上的文字变化为"关闭串口"，单击"关闭串口"按钮关闭实际串口。

（7）服务器 IP 后的 label 显示正确的服务器 IP（与路由器设置的服务器 IP 保持一致），端口后的 label 显示应监听的服务器端口。单击"连接服务器"连接到样板间服务器上，按钮文字变为"已连接服务器"，并能正确传输数据。单击"监听"按钮能正确识别连接，按钮文字变为"已监听"，并能进行数据传输。

四、信息采集

（1）采集所有传感器的信息并在界面上显示。将数据采集界面截屏并以"数据采集图 a.png"为名保存至"虚拟机桌面\Qt 工程 ***"文件夹中。

（2）如图 C.2 所示，绘制温度、湿度、光照、烟雾值的柱状图。要求：当最大值超过 250 时，Y 轴刻度随之变化为合适的刻度，即 Y 轴刻度随温度、湿度、光照、烟雾值中的最大值的变化而变化，限定最大值不超过 2 000。

（3）系统日志：将单控操作的时间和动作记录到系统日志。单击"读取日志"复选框，读取日志，需读取的内容是时间+单控动作。如图 C.13 所示，单击"返回"按钮，返回主界面。

图C.13　日志信息

五、控制功能实现

（1）窗帘模块控制功能。单击主界面中的窗帘，打开样板间的窗帘，同时图上的窗帘变为打开状态，再次单击，关闭样板间内的窗帘，主界面上的窗帘变为关闭状态。

（2）射灯模块控制功能。单击主界面中的"打开射灯"按钮，样板间射灯开启，图上顶灯变亮，文字变为"关闭射灯"。单击"关闭射灯"按钮，样板间射灯关闭，图上顶灯变灭，按钮文字变为"打开射灯"。

(3) 风扇模块控制功能。单击主界面中的"打开风扇"按钮，样板间风扇开启，按钮文字变为"关闭风扇"。单击"关闭风扇"按钮，样板间风扇关闭，按钮文字变为"打开风扇"。

(4) 报警灯模块控制功能。通过主界面中的单击报警灯图片，实现控制样板间的报警灯开启和关闭。当报警灯为绿色时，单击报警灯，报警灯开启，报警灯颜色变为红色；当报警灯为红色时，单击报警灯，报警灯关闭，报警灯颜色变为绿色。

(5) 门禁模块控制功能。单击主界面中的"无线开门"按钮，样板间门禁开启。

(6) 电视模块控制功能。单击主界面中的"打开电视"按钮，样板间电视打开。按钮文字变为"关闭电视"。单击"关闭电视"按钮，样板间电视关闭，按钮文字变为"打开电视"。

(7) 空调模块控制功能。单击主界面中的"打开空调"按钮，样板间空调打开。按钮文字变为"关闭空调"。单击"关闭空调"按钮，样板间空调关闭，按钮文字变为"打开空调"。

(8) 当选中离家模式、夜间模式、白天模式、安防模式时，进入所选中的模式。当单击其他按钮进行单步控制时，自动进入单控模式。

① 离家模式控制：依次关闭射灯、报警灯。

② 夜间模式控制：射灯全亮，如果光照值大于200则换气扇开，如果小于150则关闭换气扇。

③ 白天模式控制：射灯全关，如果烟雾值大于310时则换气扇开，否则关闭换气扇。

④ 安防模式控制：如果人体红外感应出有人，则报警灯开，射灯全开，否则关闭报警灯和射灯。

(9) 在监测对象选取温度或光照传感器，在最大值后显示选中的传感器的历史最大值。

> **注意：**
> 完成真实器件动作的同时更新相应功能按钮在界面对应区域中的显示状态。

六、网关移植

> **要求：**
> 将实现的智能家居模拟应用制作成镜像，用USB方式（使用Minitools软件）将镜像移植到网关上，并能够正常运行。

试题 2

任务实施

本部分要求完成智能家居网关与协调器的连接,以及智能家居网关与服务器的连接,实现 Qt 项目的创建以及界面、数据采集功能,实现对智能家居设备的控制和模拟应用配置,并完成网关移植。

> 说明:
>
> 虚拟机登录及提升权限的密码是 bizideal,所使用到的动态链接库 lib-SmartHomeGateway-X86.so、lib-SmartHomeGateway-ARM.so,存放于虚拟机桌面素材(包括所有图片,完整头文件 qextserialport.h、qextserialbase.h、posix_qextserialport.h、command.h、configure.h、jsoncommand.h、sql.h、log.h、tcpclientthread.h、tcpserver.h、tcpthread.h、VariableDefinition.h)文件夹中。烧写所使用的 Minitool 软件存放于桌面(竞赛材料)。

一、设备连接

完成 A8 网关与协调器的连接,以及 A8 网关与服务器的连接。

二、保存方法

将整个 Qt 工程保存到"虚拟机桌面\Qt 工程 ***"文件夹中(其中 *** 代表 3 位的工位号)。

三、界面及功能实现

(1)如图 C.14 所示,输入用户名、密码、服务器 IP、端口号,单击"登录"按钮,若账号和密码输入正确,则进入如图 C.15 所示的主界面。要求输入密码时,密码显示为 *。若账号、密码输入错误,则弹出一个提示对话框,如图 C.16 所示。单击"关闭系统"按钮则关闭界面。

> 注意:
>
> 用户名、密码、服务器 IP、端口号须有默认值,密码要求 MD5 加密。

图 C.14 登录界面

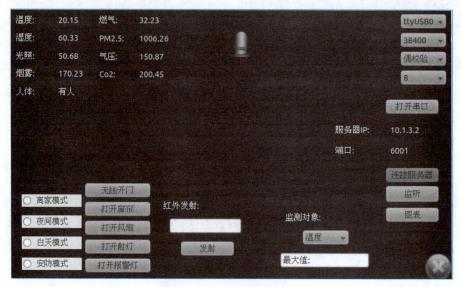

图C.15　主界面

图C.16　登录失败提示对话框

（2）在登录界面中，单击"注册账户"按钮，进入如图 C.17 所示的注册界面；单击"查看账户"按钮，进入如图 C.18 所示的查看账户界面；单击"管理账户"按钮，进入如图 C.19 所示的注册管理账户界面；单击右下角的退出按钮，返回至登录界面。

图C.17　注册界面

图C.18 查看账户

图C.19 管理账户

（3）在注册界面中，在没有输入用户名信息时单击"注册"按钮，弹出如图C.20所示的提示对话框；输入用户名但没有输入密码时单击"注册"按钮，弹出如图C.21所示的提示对话框；没有输入确认密码时单击"注册"按钮，弹出如图C.22所示的提示对话框；两次密码不一致时单击"注册"按钮，弹出如图C.23所示的提示对话框；输入密码正确时单击"注册"按钮，弹出如图C.24所示的提示对话框。

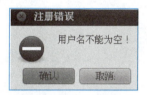
图C.20 用户名为空提示对话框

图C.21 密码为空提示对话框

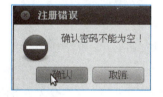
图C.22 确认密码为空提示对话框

图C.23 密码不同提示对话框

（4）在查看账户界面中，单击右下角的"退出"按钮，关闭查看账户界面返回到登录界面中。

（5）在管理账户界面中，单击选中任意一行的某个单元格后，单击"删除数据"按钮，删除选中的账户。表要同步更新。单击右下角的"退出"按钮，关闭本窗口，返回到登录界面中。

图C.24 注册成功提示对话框

（6）在主界面中，选择正确的串口号、波特率、校验位、数据位（默认选择正确值），单击"打开串口"按钮打开实际串口，同时按钮上的文字变化为"关闭串口"，单击"关闭串口"按钮关闭实际串口。

（7）服务器IP后的label显示正确的服务器IP（与路由器设置的服务器IP保持一致），端口后的label显示应监听的服务器端口。单击"连接服务器"按钮连接到样板间服务器上，按钮文字变为"已连接服务器"，并能正确传输数据。单击"监听"按钮能正确识别连接，按钮文字变为"已监听",并能进行数据传输。

四、信息采集

(1) 采集所有传感器的信息并在界面上显示。将数据采集界面截屏并以"数据采集图 a.png"为名保存至"虚拟机桌面\Qt 工程 ***"文件夹中。

(2) 单击"图表"按钮,弹出选择传感器界面,如图 C.25 所示。可选传感器为温度、湿度、光照、烟雾传感器,单击任一传感器,绘制相应传感器的数据折线图,如图 C.26 所示,保留最近的 6 个点。界面大小为 300×300。要求:当最大值超过 250 时,Y 轴刻度随之变化为合适的刻度,即 Y 轴刻度随温度、湿度、光照、烟雾值中的最大值的变化而变化,限定最大值不超过 2 000。

图C.25 传感器选择界面

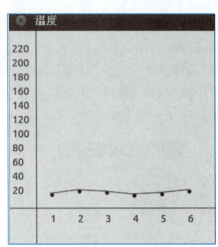

图C.26 温度绘图

五、控制功能实现

(1) 窗帘模块控制功能。单击"打开窗帘"按钮,样板间窗帘开启,文字变为"关闭窗帘"。单击"关闭窗帘"按钮,样板间窗帘关闭,按钮文字变为"打开窗帘"。

(2) 射灯模块控制功能。单击"打开射灯"按钮,样板间射灯开启,文字变为"关闭射灯"。单击关闭"射灯按钮",样板间射灯关闭,按钮文字变为"打开射灯"。

(3) 风扇模块控制功能。单击"打开风扇"按钮,样板间风扇开启,按钮文字变为"打开风扇"。单击"关闭风扇"按钮,样板间风扇关闭,按钮文字变为"开启风扇"。

(4) 报警灯模块控制功能。通过单击报警灯图片或单击"打开报警灯"按钮,实现控制样板间报警灯的开启和关闭。当报警灯为绿色时,单击报警灯,报警灯开启,报警灯颜色变为红色;当报警灯为红色时,单击报警灯,报警灯关闭,报警灯颜色变为绿色。当单击"打开报警灯"按钮,样板间报警灯开启,文字变为"关闭报警灯",单击"关闭报警灯"按钮,样板间报警灯关闭,按钮文字变为"打开报警灯"。

> 要求:
> "打开报警灯"按钮和报警灯图片同步更新状态。

(5) 门禁模块控制功能。单击"无线开门"按钮,样板间门禁开启。

（6）红外模块控制功能。输入正确红外频道号后单击"发射"按钮实现控制样板间的红外设备。

（7）当选中离家模式、夜间模式、白天模式、安防模式时，进入所选中的模式。当单击其他按钮进行单步控制时，自动进入单控模式。

① 离家模式控制：依次关闭射灯、报警灯。

② 夜间模式控制：当人体红外感应到人时，打开电视和射灯，否则关闭电视和射灯。

③ 白天模式控制：关闭射灯和电视、当烟雾值大于300时打开风扇。

④ 安防模式控制：打开射灯，关闭风扇。当人体红外感应到人时，打开报警灯。

（8）在监测对象选取温度或烟雾传感器，在最大值后显示选中的传感器的历史最大值。

> **注意：**
> 完成真实器件动作的同时更新相应功能按钮在界面对应区域中的显示状态。

六、网关移植

> **要求：**
> 将实现的智能家居模拟应用制作成镜像，用 USB 方式（使用 Minitools 软件）将镜像移植到网关上，并能够正常运行。

试题 3

 任务实施

本部分要求完成智能家居网关与协调器的连接,以及智能家居网关与服务器的连接,实现 Qt 项目的创建以及界面、数据采集功能,实现对智能家居设备的控制和模拟应用配置,并完成网关移植。

> **说明:**
> 虚拟机登录及提升权限的密码是 bizideal,所使用到的动态链接库 lib-SmartHomeGateway-X86.so、lib-SmartHomeGateway-ARM.so,存放于虚拟机桌面素材(包括所有图片,完整头文件 qextserialport.h、qextserialbase.h、posix_qextserialport.h、command.h、configure.h、jsoncommand.h、sql.h、log.h、tcpclientthread.h、tcpserver.h、tcpthread.h、VariableDefinition.h)文件夹中。烧写所使用的 Minitool 软件存放于桌面(竞赛材料)。

一、设备连接

完成 A8 网关与协调器的连接,以及 A8 网关与服务器的连接。

二、保存方法

将整个 Qt 工程保存到"虚拟机桌面\Qt 工程 ***"文件夹中(其中 *** 代表 3 位的工位号)。

三、界面及功能实现

(1)在如图 C.27 所示的登录界面中,输入用户名、密码、服务器 IP、端口号,单击"登录"按钮,若信息输入正确,则进入如图 C.28 所示的主界面(要求用户名、密码、服务器 IP、端口号有默认值)。在登录界面中单击"注册账户"按钮,进入如图 C.29 所示的注册界面。在登录界面中单击"查看账户"按钮,进入如图 C.30 所示的查看账户界面;单击"管理账户"按钮,进入如图 C.31 所示的管理账户界面;单击"关闭系统"按钮,退出系统。

图 C.27 登录界面

附 录

图C.28 主界面

图C.29 注册界面

图C.30 查看账户界面　　　　　　　　图C.31 管理账户界面

125

(2) 在注册界面中，没有输入用户名信息时单击"注册"按钮，弹出如图 C.32 所示的提示对话框；输入用户名但没有输入密码时单击"注册"按钮，弹出如图 C.33 所示的提示对话框；没有输入确认密码时单击"注册"按钮，弹出如图 C.34 所示的提示对话框；两次密码不一致时单击"注册"按钮，弹出如图 C.35 所示的提示对话框；输入正确时单击"注册"按钮，弹出如图 C.36 所示的提示对话框；单击右下角的返回图标，返回至登录界面。

图 C.32　用户名为空提示对话框

图 C.33　密码为空提示对话框

图 C.34　确认密码为空提示对话框

图 C.35　密码不同提示对话框

图 C.36　注册成功提示对话框

(3) 在查看账户界面中，单击右下角的按钮，退出查看账户界面返回到登录界面中。

(4) 在管理账户界面中，单击选中任意一行的某个单元格后，单击"删除账户"按钮，删除选中的账户。表要同步更新。单击右下角的"退出"按钮，关闭本窗口，返回到登录界面中。

(5) 在主界面中，选择正确的串口号、波特率、校验位、数据位（默认选择正确值），单击"打开串口"按钮打开实际串口，同时按钮上的文字变化为"关闭串口"，单击"关闭串口"按钮关闭实际串口。

(6) 服务器 IP 后的 label 显示正确的服务器 IP（与路由器设置的服务器 IP 保持一致），端口后的 label 显示应监听的服务器端口。单击"连接服务器"按钮连接到样板间服务器上，按钮文字变为"已连接服务器"，并能正确传输数据。单击"监听"按钮能正确识别连接，按钮文字变为"已监听"，并能进行数据传输。

四、信息采集

(1) 采集所有传感器的信息并在界面上显示。将数据采集界面截屏并以"数据采集图 a.png"为名保存至"虚拟机桌面\Qt 工程 ***"文件夹中。

(2) 单击"图表"按钮，绘制光照值的折线图，如图 C.37 所示。要求：当最大值超过 250 时，Y 轴刻度随之变化为合适的刻度，即 Y 轴刻度随光照值中的最大值的变化而变化，限定最大值不超过 2 000。

(3)系统日志：将单控操作的时间和动作记录到系统日志。选中"读取日志"复选框，读取日志，需读取的内容是时间＋单控动作，如图 C.38 所示。单击"返回"按钮，返回主界面。

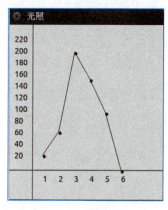

图C.37　光照度绘图

图C.38　日志信息

五、控制功能实现

（1）单击主界面中的灯图片，打开样板间的一个射灯，同时图片上的灯变为亮效果，再次单击该图片，关闭灯，图片变为主界面中的效果；单击左下的灯图片，打开样板间另外一个射灯，同时图片上的灯变为亮效果，再次单击该图片，关闭灯，图片变为主界面中的效果。要求界面、样板间器件实现同步变化。

（2）单击主界面中的电视机，打开样板间的电视机，再次单击关闭样板间的电视机。

（3）单击主界面中的空调，打开样板间的空调，再次单击该图片，关闭样板间内的空调。

（4）单击主界面中的窗帘，打开样板间的窗帘，同时图上的窗帘变为打开状态，再次单击，关闭样板间内的窗帘，主界面上的窗帘变为关闭状态。

（5）单击主界面中的 ●按钮，打开样板间内的 DVD，再次单击关闭样板间的 DVD。

（6）离家模式控制：关闭报警灯、关门。

（7）夜间模式控制：打开射灯。当温度高于 35 ℃打开换气扇，否则关闭换气扇。

（8）白天模式控制：关闭射灯、当光照度小于 80 lux 时打开窗帘，否则关闭窗帘。

（9）安防模式控制：开门，关闭射灯、换气扇；当人体红外感应到人时，打开报警灯。

（10）在监测对象选取光照或烟雾传感器，在最大值后显示选中的传感器的历史最大值。

注意：
完成真实器件动作的同时更新相应功能按钮在界面对应区域中的显示状态。

六、网关移植

要求：
将实现的智能家居模拟应用制作成镜像，用 USB 方式（使用 Minitools 软件）将镜像移植到网关上，并能够正常运行。

练习题答案